U0613221

丘陵山区
轮式拖拉机驾驶与维护
图解教程

冯 伟 李 平 李亚丽 张先锋 主编

中国农业出版社
北 京

图书在版编目（CIP）数据

丘陵山区轮式拖拉机驾驶与维护图解教程 / 冯伟等主编. —北京：中国农业出版社，2024.4
ISBN 978-7-109-31913-4

Ⅰ.①丘… Ⅱ.①冯… Ⅲ.①拖拉机－驾驶术－教材②拖拉机－机械维修－教材 Ⅳ.①S219

中国国家版本馆 CIP 数据核字（2024）第 079993 号

中国农业出版社出版
地址：北京市朝阳区麦子店街 18 号楼
邮编：100125
责任编辑：丁瑞华　黄　宇　　文字编辑：赵星华
版式设计：杨　婧　　责任校对：吴丽婷
印刷：中农印务有限公司
版次：2024 年 4 月第 1 版
印次：2024 年 4 月北京第 1 次印刷
发行：新华书店北京发行所
开本：889mm×1194mm　1/32
印张：3
字数：78 千字
定价：58.00 元

版权所有·侵权必究
凡购买本社图书，如有印装质量问题，我社负责调换。
服务电话：010-59195115　010-59194918

编委会名单

主　　编：冯　伟　李　平　李亚丽　张先锋

副 主 编：易文裕　崔晋波　湛小梅　曹中华

参编人员：王　攀　王圆明　孙志强　周晓晖

　　　　　佘小明　周玉华

>>目 录

拖拉机是用于牵引和驱动作业机械完成各项移动式作业的自走式动力机。在农业领域，拖拉机主要通过与作业机具配套用于耕地、整地、播种、中耕、收获、田间管理、运输、农田基本建设及排灌作业等几乎所有作业环节，少量农用拖拉机为特殊用途拖拉机，如中耕拖拉机、草坪园艺拖拉机、水田拖拉机等。拖拉机的技术发展水平在很大程度上体现着一个国家的农业现代化程度和农业机械化发展水平，世界农业强国均将拖拉机作为农机工业的核心。

随着农业机械化的发展，拖拉机在丘陵山区农业领域的作用越来越重要，但是使用者却大多都是自己摸索或者同行点拨学习，近年来已有部分驾驶学校进行拖拉机驾驶培训，然而也因教材缺乏导致系统性不强。本书以久保田 M704K 轮式拖拉机为例，以图文并茂的形式系统地讲解拖拉机的基础知识、驾驶与维护、驾照申领等知识，既可作为拖拉机驾驶培训教材，也可作为拖拉机操作工具书。

一、全国拖拉机使用现状

1. 全国拖拉机生产现状 根据中国农业机械工业协会数据，2021 年，我国大中型拖拉机产量为 33 万台，同比增长 13.2%；小型拖拉机产量为 1.5 万台，同比下降 11.9%；手扶拖拉机产量为 4.7 万台，同比下降 7.2%。

2021 年获得农机购置补贴的拖拉机生产企业 248 家，补贴拖拉机 15.26 万台。其中，潍坊市拖拉机企业 113 家，占全国的 45.56%，补贴销售 5.26 万台，占总补贴销量的 34.47%。拖拉机产业集中度有提高，前十名企业的市场份额达到 61%。

国家海关统计数据显示，2021 年，我国拖拉机出口量为 40 813 台，同比增长 27.0%；农业机械产品出口持续向好。同年，我国拖拉机进口量为 732 台，进口额同比增长 57.9%。其中，180 马力（1 马力＝735.5 瓦）以上的大型拖拉机的进口量为 640 台，在拖拉机进口总量中的占比为 87%。

2. 全国拖拉机拥有量 2021 年，全国拖拉机保有量达 2 173.06 万台（其中，大、中型拖拉机保有量同比分别增长 8.49%、3.65%），总功率为 43 065.01 万千瓦。大型拖拉机（73.5 千瓦以上）75.24 万台，占总量的 3.46%；功率 7 342.97 万千瓦，占总功率的 17.05%。中型拖拉机（22.1～73.5 千瓦）422.83 万台，占总量的 19.46%；功率 17 195.96 万千瓦，占总功率的 39.93%。小型（22.1 千瓦以下）拖拉机 1 674.99 万台，占总量的 77.08%；功率 18 526.08 万千瓦，占总功率的 43.02%。拖拉机配套农具 4 022.93 万部，农具与拖拉机配套比为 1.85。数据详见表 0 - 1、表 0 - 2。

表 0 - 1　各功率段拖拉机在各地区的数量

地区	拖拉机		大型拖拉机 （73.5 千瓦以上）		中型拖拉机 （22.1～73.5 千瓦）	
	数量 （万台）	功率 （万千瓦）	数量 （万台）	功率 （万千瓦）	数量 （万台）	功率 （万千瓦）
全国	2 173.06	43 065.01	75.24	7 342.97	422.83	17 195.96
丘陵山区	370.43	5 949.25	4.34	377.75	57.95	2 463.29
西南四省	70.11	1 358.43	0.98	86.51	15.45	570.43

(续)

地区	其中： (58.8~73.5千瓦)		小型 (22.1千瓦以下)		拖拉机 配套农具 (万部)	农具与 拖拉机 配套比
	数量 (万台)	功率 (万千瓦)	数量 (万台)	功率 (万千瓦)		
全国	78.81	5 049.17	1 674.99	18 526.08	4 022.93	1.85
丘陵山区	12.26	774.39	308.14	3 108.21	511	1.38
西南四省	2.28	141.23	53.68	701.49	56.7	0.81

表 0-2　各功率段拖拉机在不同地区的占比

地区	大型拖拉机（73.5千瓦以上）		中型拖拉机（22.1~73.5千瓦）	
	数量（%）	功率（%）	数量（%）	功率（%）
占全国比例	3.46	17.05	19.46	39.93
占丘陵山区比例	1.17	6.35	15.64	41.41
占西南四省比例	1.40	6.37	22.04	41.99

地区	其中：（58.8~73.5千瓦）		小型（22.1千瓦以下）	
	数量（%）	功率（%）	数量（%）	功率（%）
占全国比例	3.63	11.72	77.08	43.02
占丘陵山区比例	3.31	13.02	83.18	52.25
占西南地区比例	3.25	10.40	76.58	51.64

从表 0-1 可以看出，我国拖拉机数量以小型为主，大中型拖拉机仅占拖拉机总量的 22.92%，随着拖拉机功率的增大，数量占比越来越小，这主要由我国的耕地条件、农民购买力及拖拉机技术等因素决定的。但是，我国大中型拖拉机功率占拖拉机总功率的 56.98%，大中型拖拉机在农业生产中贡献率应该超过一半以上。

2021 年我国农作物总播种面积 168 695 千公顷，单位耕地面积农机动力投入 6.39 千瓦/公顷，而美国仅为 1.05 千瓦/公顷，日本仅为 4.95 千瓦/公顷，我国单位耕地面积动力投入高于已经实现机械化的国家，仅拖拉机单位面积动力投入也达到 2.55 千瓦/公顷，比美国单位面积农机总动力还高。国外发达国家农具与拖拉机配套比可达 6，而我国仅为 1.85，我国拖拉机动力普遍偏小，应该是配套性差的主要原因之一。

二、丘陵山区拖拉机使用现状

丘陵山区指丘陵山地面积占国土面积 60％以上的省份，包括浙江、福建、江西、湖北、湖南、广东、广西、重庆、四川、贵州、云南 11 个省份。

2021 年丘陵山区农作物总播种面积 62 518.1 千公顷，拥有拖拉机 370.43 万台，总功率 5 949.25 万千瓦。其中，大型（73.5 千瓦以上）拖拉机 4.34 万台，占总量的 1.17％；功率 377.75 万千瓦，占总功率的 6.35％。中型（22.1～73.5 千瓦）拖拉机 57.95 万台，占总量的 15.64％；功率 2 463.29 万千瓦，占总量的 41.41％。小型（22.1 千瓦以下）拖拉机 308.14 万台，占总量的 83.18％；功率 3 108.21 万千瓦，占总功率的 52.25％。拖拉机配套农具 511 万部，农具与拖拉机配套比为 1.38。

2021 年云南、贵州、四川、重庆等西南四省（直辖市）农作物总播种面积为 25 889.3 千公顷，拥有拖拉机 70.11 万台，总功率 1 358.43 万千瓦。大型（73.5 千瓦以上）拖拉机 0.98 万台，占总量的 1.40％；功率 86.51 万千瓦，占总功率的 6.37％；中型（22.1～73.5 千瓦）拖拉机 15.45 万台，占总量的 22.04％；功率 570.43 万千瓦，占总功率的 41.99％。小型（22.1 千瓦以下）拖拉机 53.68 万台，占总量的 76.58％；功率 701.49 万千瓦，占总功率的 51.64％。拖拉机配套农具 56.7 万部，农具与拖拉机配套比为 0.81。

从上文可以看出，我国丘陵山区拖拉机以小型为主，大中型拖拉机仅占拖拉机总量的 16.82%，与全国相比占比更少，总体上也是随着拖拉机功率的增大，数量占比越来越小的趋势，这主要是因为丘陵山区耕地条件差，农民购买力低等。但是在耕地条件更差的西南四省，大中型拖拉机数量占比达到 23.42%，功率占比达到 48.36%，显著高于丘陵山区平均水平，也高于全国平均水平。这也许是由于西南四省政府补贴力度较大，机具和条件改善并重，农民更愿意使用效率更高的大中型拖拉机。

2021 年我国丘陵山区农作物总播种面积为 62 518.1 千公顷，单位耕地面积农机动力投入为 5.67 千瓦/公顷；西南四省农作物总播种面积 25 889.3 千公顷，单位耕地面积农机动力投入为 4.6 千瓦/公顷，均低于全国平均水平。我国丘陵山区农具与拖拉机配套比为 1.38，远低于全国平均水平，西南四省农具与拖拉机配套比更是仅为 0.81，这意味着拖拉机比农具多，其中原因值得进一步探讨。

三、拖拉机发展趋势

近年来，围绕高效、智能、环保和信息集成 4 个方面，农业拖拉机在动力、传动、行走、液压、悬挂、驾驶舒适性、物联网及综合服务/管理平台等多个领域都取得了长足发展，可靠性进一步增强，舒适性增加，自动化程度加大，无人驾驶也开始投入使用。

在动力系统方面，国内则正处在国Ⅲ阶段，主要通过机内净化和油品的改善来应对排放要求。此外，动力系统开始尝试探索高比能量动力蓄电池、甲烷等新型动力技术，有部分采用动力电池的机型甚至已进入小规模量产。

传动系统方面的进步主要体现在动力负载换挡和 CVT（机械无级变速器）无级变速传动技术的进一步普及上，尤其是无级变速传动技术，在提高拖拉机自动化水平、整机动力性、经济性和驾驶舒适性，简化驾驶操纵程序和减轻劳动强度等多方面具有重要意义。

行走、转向系统主要围绕轮胎胎压控制、橡胶履带/半履带式行走机构展开研究，以进一步减小接地比压及滑转损失，提高牵引效率和整机通过性。

在液压动力输出方面，多点高精度输出、负载传感压力补偿等技术大大提高了液压辅助系统的安全性、操控性、适用性和经济性。

在液压悬挂系统方面，电控提升悬挂已基本成为国内外大中功率拖拉机的标准配置，且大多同时配有前液压输出、前悬挂和前动力输出，大大方便了农机具的挂接和日益增加的各类农机具的配套应用。

在驾驶舒适性方面，人机工程设计理念体现得越来越充分，除采用主、被动悬架以减少振动外，悬浮驾驶室、悬浮座椅、360°驾驶室增视系统、人机交互触摸显示屏等人性化设计成为改善整机舒适性的重要方面。

此外，随着互联网技术的迅猛发展，集农业信息感知、数据传输、云平台管控于一体的农业物联网技术逐渐成为研究热点，这标志着以模型驱动业务、设备管理设备、人-设备-农场无缝连接的全新生产模式成为未来农业机械发展的趋势。

未来，拖拉机将在高效作业、节能环保、信息化与智能化等方面获得长足的发展。

四、典型机型的确定

轮式拖拉机作为最主要的动力机具，在农业生产中的使用也越来越广泛，2022年丘陵山区11省（自治区、直辖市）有拖拉机驾驶从业人员近400万人，驾驶培训需求巨大，急需一本系统的教材。为方便介绍，本书选择一款经典轮式拖拉机进行介绍，选择的拖拉机应满足以下几个条件：

（1）购买和使用量大，用户基础好。

（2）机型成熟，操作轻便。

（3）机型有代表性，学会后能够举一反三。

（4）手动挡机型，能够与自动挡机型通用。

基于以上原因，本书选定久保田 M704K 作为介绍的典型机型，如图 0-1 所示。

图 0-1　久保田 M704K 轮式拖拉机

第一章
拖拉机基础知识

一、拖拉机的组成

拖拉机是两轮以上、由动力装置驱动、能自由行走、主要用于牵引和动力输出的承载机械装置，主要由发动机、底盘、电气设备组成（图1-1）。

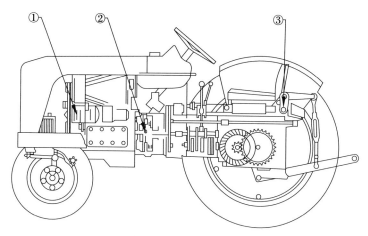

图1-1 拖拉机的组成
①发动机 ②底盘 ③电气设备

1. 发动机 发动机是拖拉机的动力装置。功用是将燃料燃烧产生的热能转化为机械能，通过底盘实现拖拉机的行驶，主要由机体、曲柄连杆机构、配气机构、燃料供给系统、冷却系统、润滑系统和起动系统组成。

发动机按使用燃料分为柴油发动机和汽油发动机。柴油发动机是柴油混合气经压缩后温度升高而自燃着火（属于压燃式点火）；汽油发动机是利用磁电机产生高压电，再由火花塞产生火花进行点火（属于点燃式点火）。

2. 底盘 底盘是拖拉机上除了发动机和电气设备以外的所有装置的总称。底盘把发动机与拖拉机的各个系统及装置连成一体，将发动机的动力变成拖拉机行驶的驱动力，以保证拖拉机能根据使用要求进行田间作业、运输作业或输出动力进行固定作业。

拖拉机底盘主要由传动系统、转向系统、制动系统、行走系统和工作装置等组成。

3. 电气设备 电气设备主要完成启动、照明、发出信号、空调制冷等辅助任务，由电源、用电器和配电设备组成。

二、拖拉机的分类

拖拉机按农业用途分为普通型拖拉机、园艺型拖拉机、中耕型拖拉机、特殊用途拖拉机。按结构特点分为轮式拖拉机、履带式拖拉机、手扶拖拉机、船型拖拉机等。按功率大小分为大型拖拉机（100 马力①以上）、中型拖拉机（30～100 马力）、小型拖拉机（30 马力以下）。

三、拖拉机型号

拖拉机型号一般由系列代号、功率代号、型式代号、功能代号和区别标志组成。具体如图 1-2 所示。

系列代号用不多于 3 个大写汉语拼音字母（I、O 除外）表

---

① 马力：非法定计量单位。1 马力=0.735 千瓦。——编者注

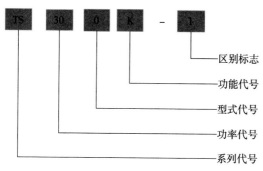

图 1-2 拖拉机型号

示，用以区别不同系列和不同设计的机型。如无必要，系列代号可以省略。

功率代号用发动机标定功率值〔单位为千瓦（kW）〕乘以系数 1.36 后取近似的整数表示。

型式代号用阿拉伯数字表示，具体代号见表 1-1。

功能代号用字母表示，具体见表 1-2。

结构经重大改进后，可加注区别标志，区别标志用大写的英文字母（I、O 除外）或/和阿拉伯数字表示。区别标志应尽量简化。

表 1-1　型式代号

型式代号	型式	型式代号	型式
0	后轮驱动四轮式	5	自走底盘式
1	手扶式（单轴式）	6	预留
2	履带式	7	预留
3	三轮式或并置前轮式	8	预留
4	四轮驱动式	9	船式

表 1-2　功能代号

功能代号	功能	功能代号	功能
（空白）	一般农业用	P	坡地用

（续）

功能代号	功能	功能代号	功能
G	果园用	E	工程用
H	高地隙中耕用	S	水田用
J	集材用	T	运输用
L	营林用	Y	园艺用
D	大棚用	Z	沼泽地用

四、拖拉机相关牌号的位置

常见拖拉机的铭牌位于仪表下方，机架号位于车架大梁上，发动机号位于发动机缸体一侧，ROPS（翻车保护机构）标示牌位于保护机构安装支座后方，分别如图1-3至图1-6所示。

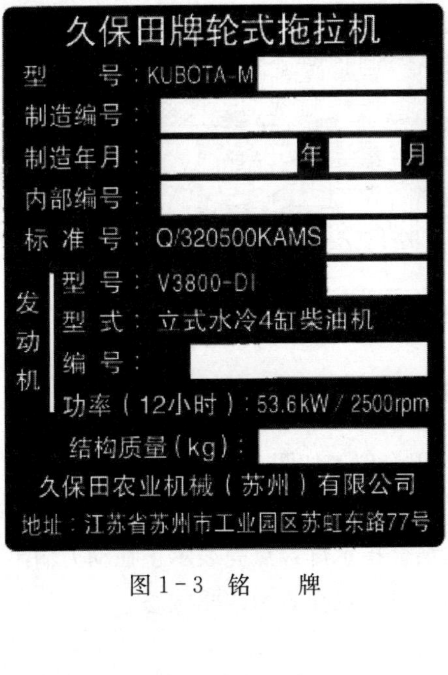

图1-3 铭 牌

11

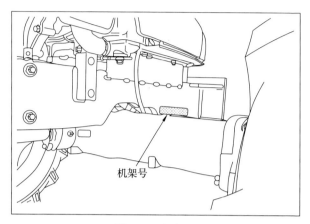

图 1-4　机架号

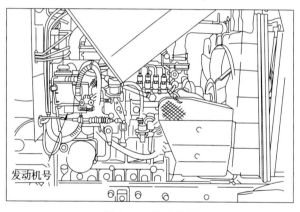

图 1-5　发动机号

五、仪表与操纵机构

1. 仪表　组合仪表如图 1-7 所示。

转向灯：左箭头亮代表左转，右箭头亮代表右转。

动力输出结合指示灯：点亮表示正在动力输出。

差速锁指示灯：点亮表示四驱状态。

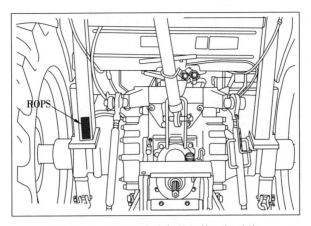

图 1-6 ROPS（翻车保护机构）标示牌

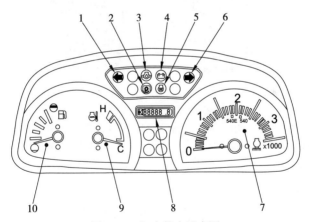

图 1-7 组合仪表示意图

1、6. 转向灯 2. 动力输出结合指示灯 3. 差速锁指示灯 4. 充电指示灯
5. 发动机预热指示灯 7. 转速表 8. 数字屏幕 9. 冷却液温度表 10. 燃油表

充电指示灯：点亮表示正在充电。

发动机预热指示灯：点亮表示发动机正在预热。

燃油表：指示拖拉机燃油量，◗代表燃油即将耗尽，◖代

13

燃油接近满箱,从○到○表示燃油从少到多。

冷却液温度表:C 代表冷,H 代表热,热机后一般显示70～90℃为正常。

数字屏幕:显示拖拉机作业时间。

转速表:显示当前发动机转速,单位是 1 000 转/分,拖拉机正常作业时发动机转速一般为 1 500～2 000 转/分。

2. 久保田 M704K 操纵机构

(1)前方操纵机构 前方操纵机构如图 1-8 所示。

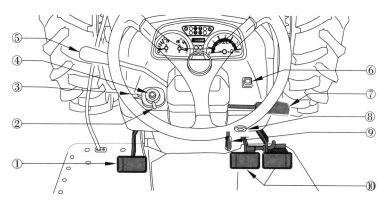

图 1-8 前方操纵机构

①离合器踏板 ②前照灯开关 ③转向信号灯开关 ④喇叭按钮 ⑤换向手柄
⑥警示灯开关 ⑦手油门操作杆 ⑧启动开关 ⑨驻车制动手柄 ⑩制动踏板

换向手柄:用于控制拖拉机行走状态。中间位置为空挡,往前推为前进挡,往后拉为后退挡。

喇叭按钮:用于驾驶员根据需要和规定发出必需的声音信号,警告行人和引起其他车辆注意。按下喇叭发出声音,松开不响。

转向信号灯开关:前后推动开关,分别打开右转、左转信号灯;推至中间位置时,灯关闭。

前照灯开关:向左转动打开,向右转动关闭。

离合器踏板：用于传递或切断动力。踩下踏板，动力被切断；抬起踏板，动力被传递。踩下时动作要快、轻、准，抬起时要自然协调，不使用时脚要离开。

警示灯开关：俗称双闪灯，在拖拉机发生故障或恶劣天气时行车较危险的情况下使用。按下开关，前后两侧转向灯同时闪烁，再按一次关闭。

手油门操作杆：方便手控制发动机油门大小。前推油门加大，后推油门减小。

启动开关：用于启动和关闭发动机、电气线路。一般设有4个位置，即 LOCK、ACC、ON、START。开关转到 LOCK 位置，发动机熄火，拔出钥匙后方向盘会锁住；转到 ACC 位置，发动机关闭，其他用电设备可正常使用；转到 ON 位置，发动机工作；转到 START 位置，启动发动机。

驻车制动手柄：用于防止已经停车的拖拉机溜动。向上提升实现驻车制动，向下推到底解除驻车制动。

制动踏板：用于拖拉机减速和停车。踩下制动踏板，产生制动作用；抬起制动踏板，解除制动。制动踏板一般跟离合器踏板一起使用。

（2）后方操纵机构　后方操纵机构如图 1-9 所示。

座椅调节手柄：拉动手柄，实现座椅的前后调节。

安全带：用于保护驾驶员行车安全。驾驶拖拉机时应系好安全带。

座椅仰角调节手柄：往前拉手柄的同时往后推座椅，座椅靠背仰角减小，座椅后倾；往前拉手柄的同时松开座椅，座椅靠背仰角增加，座椅直立。

换挡杆手柄：用于变换拖拉机挡位。与离合器踏板同时使用，摘挡时离合器踩下要快，挂挡时离合器松开要平稳。

快慢挡手柄：用法与换挡杆一致。

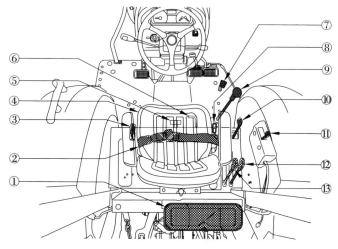

图 1-9 后方操纵机构

①随车工具箱 ②安全带 ③两驱、四驱切换手柄 ④座椅 ⑤座椅调节手柄
⑥差速器手柄 ⑦油门踏板 ⑧座椅仰角调节手柄 ⑨换挡杆手柄 ⑩快慢挡手柄
⑪后输出手柄 ⑫液压升降手柄 ⑬耕深调节手柄

后输出手柄：用于切断和连接工作动力。前推连接，后推切断。

差速器手柄：如图 1-10 所示，作用是允许两轮以不同的转速转动，使两边车轮能尽可能地以纯滚动的形式不等距行驶，减少轮胎与地面的摩擦，保证拖拉机顺利转向。

图 1-11 所示为液压升降手柄，控制三点悬挂的位置。

耕深调节手柄：如图 1-12 所示，主要用于后输出深度调节。

图 1-13 所示为液压操纵机构，主要用于后输送液压调节。

图 1-14 所示为动力输出变速杆，主要用于后输出状态调节。

图 1-15 所示为上拉杆安装孔示意图，主要用于固定后悬挂

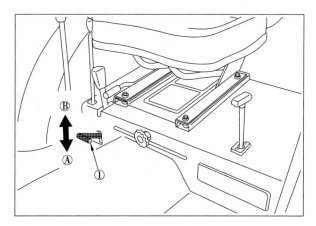

图 1-10 差速器手柄

①差速器手柄

Ⓐ挂上差速锁，一般用于松软路面　Ⓑ去掉差速锁，用于普通路面工作和行驶

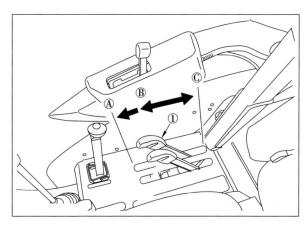

图 1-11 液压升降手柄

①液压升降手柄

Ⓐ悬挂下降　Ⓑ空挡位置　Ⓒ悬挂上升

机构上拉杆。

上部孔：可以提供较大的提升动力和较小的提升高度。

中间孔：能较好地平衡提升动力和入土能力。

17

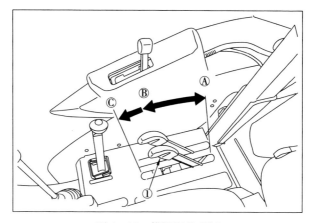

图 1-12　耕深调节手柄
①耕深调节手柄
Ⓐ耕深变浅　Ⓑ标准挡位　Ⓒ耕深变深

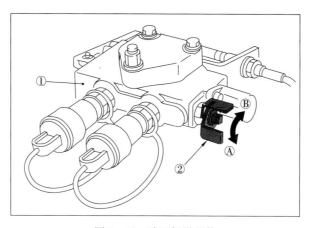

图 1-13　液压操纵机构
①单/双作用阀　②辅助控制阀选择器旋钮
Ⓐ双作用　Ⓑ单作用

下部孔：可以提供较小的提升动力和较大的提升高度。

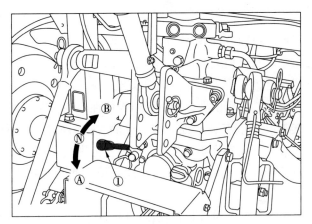

图 1-14　动力输出变速杆
①动力输出变速杆
Ⓐ540 转/分　Ⓝ"空挡位置"　Ⓑ540E（720 转/分）

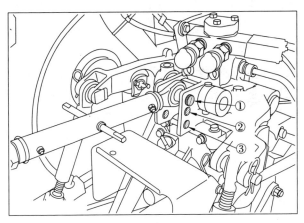

图 1-15 上拉杆安装孔
①上部孔　②中间孔　③下部孔

六、拖拉机适应性评价

农用拖拉机应该在预定的土壤、地形、道路及气候等条件下，能正常、安全地进行作业，并且可以满足农业质量要求。拖拉机适应性评价主要包括拖拉机的农艺适应性、技术经济性与可靠性、稳定性、牵引附着性能、转向操作性、制动性等方面。

1. 拖拉机的农艺适应性 拖拉机的农艺适应性是指拖拉机作业时在农艺方面满足质量要求、实现正常作业的能力，主要包括拖拉机的田间通过性、地面通过性、越障通过性和土壤破坏程度。

拖拉机的田间通过性是指拖拉机田间作业时采用适当耕作方式，在不伤害作物、不破坏垄形的前提下通过田间的能力。拖拉机的地面通过性是指拖拉机在潮湿、松软地面上的通过能力。拖拉机越障通过性也称田间转移通过性，主要指拖拉机田间作业或转移地块时跨越田埂、沟渠等障碍的能力。拖拉机对土壤的破坏包括压实作用和剪切作用。

2. 拖拉机的技术经济性与可靠性 拖拉机的技术经济性是指拖拉机组作业时的经济效果和成本，主要用机组生产率和作业成本来评价。作业成本主要包括油耗、折旧费、维修费等。

拖拉机的可靠性是指零部件或整机在给定的使用条件下保持其性能指标的能力，即拖拉机无故障地完成其规定工作量的能力，用在一定工作时间内发生的零部件损坏及故障的性质、严重程度、次数等评价。

3. 拖拉机的稳定性 拖拉机的稳定性是指拖拉机保持其稳定不翻倾、不滑移的性能，包括纵向稳定性和横向稳定性。

纵向稳定性包括静态纵向稳定性和带农具时的纵向稳定性。静态纵向稳定性用纵向极限翻倾角和纵向滑移角来评价。带农具时的纵向稳定性根据情况可分别用带牵引农机时的纵向稳定性和带悬挂农具时的纵向稳定性来评价。

横向稳定性包括横向静态稳定性和在横向坡道上转向时的稳定性。

4. 拖拉机的牵引附着性能 拖拉机的牵引附着性能是指拖拉机行走装置在一定的土壤条件下，滑转率不超过规定值时所能发挥的牵引能力。速度、牵引力、牵引功率和牵引效率等是拖拉机牵引附着性能的评价指标。当拖拉机进行农田牵引作业时，牵引功率是影响拖拉机生产率和经济性的最重要指标，牵引效率是评价拖拉机牵引性能好坏的一个主要指标。

2

第二章

拖拉机驾驶要领

一、上、下拖拉机要领

上、下拖拉机关键部位见图2-1。

图2-1　上、下拖拉机关键部位
①方向盘　②座椅扶手　③台阶

1. 上拖拉机

!注意：上车前驾驶员应查看车周围及车下有无安全隐患，确认安全后再上车。

（1）左手握住方向盘左侧。

（2）左脚踩上台阶。

（3）手脚同时用力，抬起右脚，上身向右侧偏置，抓住座椅扶手，然后入座。

2. 下拖拉机

!提示：起身观察车辆前后左右安全状况，确认安全后再

下车。

（1）右手握住方向盘左侧。

（2）左手扶座椅扶手。

（3）左脚踩台阶，然后下车。

二、拖拉机驾驶的着装与姿势

1. 拖拉机驾驶的着装 常见拖拉机驾驶着装要求：

（1）佩戴安全帽。

（2）穿合身的衣服，衣服应利落，无过长的带子。

（3）穿防滑的鞋子。

（4）收紧袖口和裤腿。

2. 拖拉机驾驶的姿势

常见拖拉机驾驶的姿势见图 2-2。

图 2-2 拖拉机驾驶姿势

（1）上车后将身体对正方向盘并保持正直，后背轻靠于后背椅上，此时，根据身高可对座位予以前后调整直至合适状态，有安全带的按规定系好安全带。

（2）两眼平视前方，左手轻握方向盘左上方（相当于钟表 9 点至 10 点方向），右手轻握方向盘右下方（相当于钟表 3 点至 4

点方向），且两手放松、自然下垂，此时，左手和右手大拇指应自然伸直靠于方向盘轮缘上部，其余四指应由外向内轻握。

（3）左脚放在离合器踏板下方，右脚掌轻放于油门踏板2/3处。

总之，使自己坐在座位上，身体轻松、舒适、自然，动作协调灵活即可。

三、拖拉机操作要领

1. 启动

启动拖拉机时的主要操作机构见图 2-3。

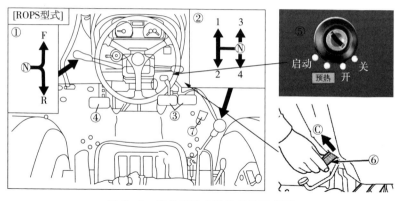

图 2-3　拖拉机启动操作机构示意图
①换向手柄　②换挡杆手柄　③制动踏板　④离合器踏板
⑤启动开关　⑥驻车制动手柄　⑦油门踏板

（1）转动钥匙启动发动机，启动后将钥匙松开。

（2）确认仪表盘上相关报警灯熄灭。

（3）踩下制动踏板，解除驻车制动柄（手刹）。

（4）踩下离合器踏板。

（5）选择快慢挡，通过换挡杆手柄选择工作挡位，挂上换向手柄。

（6）松开制动踏板。

（7）缓慢松开离合器踏板，车辆移动。

!注意：寒冷季节需要预热拖拉机，预热要求见表 2-1。

表 2-1　寒冷季节预热时间

环境温度/℃	预热时间要求/分
＞-10	约 10
-15~-10	10~20
-20~-15	20~30
＜-20℃	＞30

2. 停车

停车时的主要操作如下。

（1）打开右转向灯。

（2）松开油门踏板。

（3）缓慢踩下制动踏板。

（4）车速降至 5 千米/时左右时，踩下离合器踏板。

（5）拖拉机至预停位置时，进一步踩下制动踏板，使拖拉机平稳停车。

（6）换挡杆手柄、换向手柄置入空挡。

（7）挂上驻车制动手柄（手刹）。

3. 变速

拖拉机在行驶过程中根据实际工况对速度进行调节，变速操纵机构见图 2-4。

（1）油门控制变速　当挡位一定时，车速的高低主要由油门踏板决定。拖拉机需提速时，平稳加油，待车速达到与道路相适应时，适当放松油门且保持不动，增速过程完成，拖拉机匀速行驶。

拖拉机需要降速时，缓慢放松油门，保持某一位置不动，利

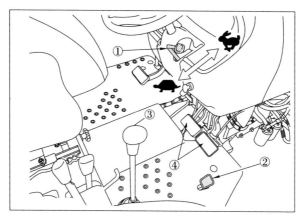

图 2-4　拖拉机变速操纵机构简图
①快慢挡手柄　②油门踏板　③换挡杆手柄　④制动踏板

用发动机对车辆的牵阻作用，使车速降低，拖拉机转弯时的车速控制方法见图 2-5。

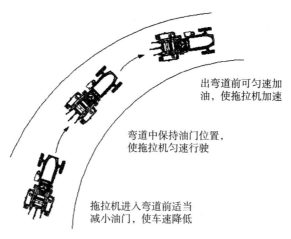

出弯道前可匀速加油，使拖拉机加速

弯道中保持油门位置，使拖拉机匀速行驶

拖拉机进入弯道前适当减小油门，使车速降低

图 2-5　拖拉机转弯时的车速控制

（2）拖拉机换挡变速　拖拉机可通过快慢挡手柄和换挡杆手

柄，实现速度调节。

快慢挡手柄，主要用于设定拖拉机基础速度，通常田间作业时使用低速挡（🐢），田间转移或运输时使用高速挡（🐇）。调节时，先踩下离合器踏板，然后切换到相应的挡位。

换挡杆手柄，主要根据行驶速度及时调整行走挡位。

①低速挡换高速挡。先加油冲车，使车速提高后，再放松油门踏板→踩下离合器踏板→切换至高速挡→松开离合器踏板→踩油门踏板。

②高速挡换低速挡。松开油门踏板→匀速踩踏制动踏板→踩下离合器踏板→切换至低速挡→松开离合器踏板→踩油门踏板。

（3）拖拉机制动减速　根据拖拉机的减速程度，调整踩踏制动踏板的力量，刹车时不可踩得过急，踩下制动踏板位置的高低要根据车辆的行驶速度以及需要降低车速的程度而定。弯道行驶利用制动控制车速的方法见图 2-6。

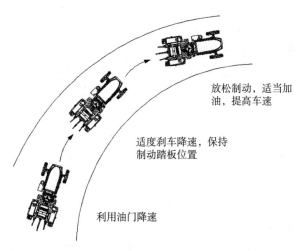

放松制动，适当加油，提高车速

适度刹车降速，保持制动踏板位置

利用油门降速

图 2-6　弯道行驶利用制动控制车速

4. 紧急制动

拖拉机在行驶中突然遇到紧急情况，驾驶员应迅速踩下制动踏板，在最短的时间内将车辆停住，以避免事故的发生。

双手紧握方向盘，右脚快速从油门踏板移到制动踏板，猛踩制动踏板到底，使拖拉机迅速停车。

!注意：紧急制动时，不要一开始就踩离合器踏板；在冰雪路面上行驶，拖拉机急转弯时，禁止紧急制动。

5. 转弯

转向机构主要由液压泵、转向控制器、转向油缸、动力转向软管、动力转向管等组成。转向机构简图如图 2-7 所示。

转向油缸在左右两个方向上均可提供作用力。根据方向盘的转动方向，压力油将进入油缸的一端使油缸伸出，另一端使油缸缩回，从而使拖拉机的前轮转动。

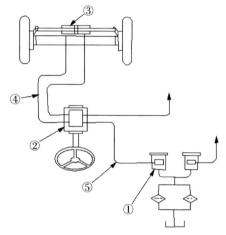

图 2-7　转向机构简图
①液压泵　②转向控制器　③转向油缸
④动力转向软管　⑤动力转向管

轮式拖拉机通过转动方向盘实现转向。方向盘向左转动，拖拉机向左转向；反之向右转向。

!注意：转弯时应减速、鸣喇叭、打转向灯，提示前后车辆注意；转弯车辆让直行车辆先行。

6. 倒车

倒车时，双手握住方向盘，右手握1点钟位置，左手握7点钟位置，转头注视后方，如图2-8所示。倒车必须在拖拉机完全停车后进行，将换挡杆手柄置于倒车挡，确认车后安全后再进行后倒，倒车时速度要慢、稳，防止熄火或速度过快造成事故。

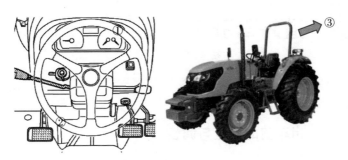

图 2-8　倒车操作要点
①方向盘1点钟位置　②方向盘7点钟位置　③倒车注视方向

7. 调头　在道路上行驶调头时，必须遵守交通法规。车辆掉头前要选择合适的地点，认真观察周围情况，确认安全后方可调头。

（1）一次顺车调头　即车辆一次性180°的转弯调头。这种调头适用于道路较宽及交通环境允许的情况。

（2）多次进退调头　路面较狭窄时，可采用多次进退调头。首先使拖拉机左转向前，待前轮达到路边时停住，然后再向右后方倒车至适当位置停住，最后再向右前方行进，多次进行上述操作，直到拖拉机可直行，见图 2-9。

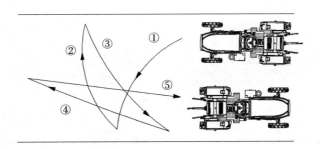

图 2-9　多次进退调头法
①进　②倒　③进　④倒　⑤进

第三章

道路驾驶

一、出车前的检查与调整

拖拉机在外出作业时，除了日常的维护工作之外，每次出车前，拖拉机驾驶人应当对拖拉机进行全面、细致、严格的检查，一方面，防止拖拉机在行车过程中出现故障，耽误作业的顺利开展；另一方面，防止因安全检查不到位导致机械故障引发人身安全事故。因此，行车前的检查是养成良好拖拉机驾驶习惯的重要内容。行车前的主要检查内容如下：

1. 个人携带证件的检查 带好拖拉机驾驶证、拖拉机行驶证、身份证等常规证件，其中驾驶证要与准驾车型相符，拖拉机年度审验合格标志、强制保险标志要完整清晰。拖拉机的驾驶证和行驶证如图 3-1 所示。

图 3-1 拖拉机驾驶证和行驶证

2. 拖拉机技术状况检查

（1）燃油检查　用肉眼观察或者用油尺测量油箱的存油量，但在观察或测量油量时严禁使用明火，启动拖拉机后观察燃油表显示油量。加注燃油时，必须选择合格标号的国三柴油〔5 号（气温≥8℃），0 号（4～8℃），－10 号（－5～4℃），－20 号（－14～－5℃），－35 号（－29～－14℃）〕并关闭发动机。

（2）润滑油检查　润滑油检查时，拖拉机整机需停在水平地面上。若拖拉机不在水平地面上，移动拖拉机至水平地面待关闭发动机 15 分钟后进行检查。

①发动机机油检查。拖拉机发动机的机油在每天出车前应检查一次，拉起图 3-2 所示油尺，擦拭干净后放回，静置 30 秒，再次拉起油尺，观察其机油液面是否在上下限机油位区间（图中Ⓐ区间）。在检查机油油量时还应该检查发动机及其附件是否有漏油现象，如有，需及时更换损坏的零件。

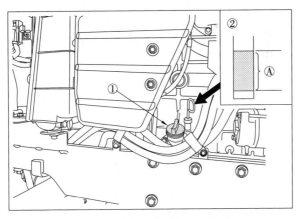

图 3-2　拖拉机发动机机油检查
①机油加注口　②油尺
Ⓐ机油合格范围

②变速箱油检查。检查变速箱油时，拖拉机整机需停在水平地面上。若拖拉机不在水平地面上，则移动拖拉机至水平地面，待关闭发动机15分钟后进行检查。如图3-3所示，拉起油尺，擦拭干净后放回，静置30秒，再次拉起油尺，观察其机油液面是否在上下限机油位区间，即图中位于Ⓐ区间即可。在检查变速箱油量时还应该检查变速箱及其周围附件是否有漏油现象，如有，需及时更换损坏的零件。

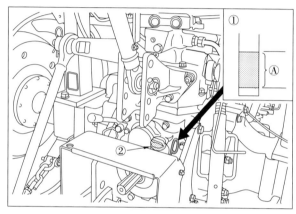

图3-3　拖拉机变速箱油检查
①油尺　②变速箱油加注口
Ⓐ变速箱油合格范围

（3）冷却液检查　检查冷却水壶中冷却液面是否位于Ⓐ、Ⓑ两刻度范围之间（图3-4）。发动机水温报警后添加冷却液时，需关闭发动机，待水温降至正常后，再缓慢打开冷却水壶加注口，放出部分蒸汽后再缓慢加注至规定液面值，以防蒸汽冲出发生烫伤。

（4）轮胎气压检查　检查各轮胎气压是否符合要求，气压不足时应及时充足，前轮胎胎压为310千帕，后轮胎胎压为170千帕。同时检查有无漏气现象。

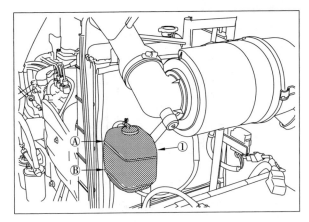

图 3-4 拖拉机冷却液检查
①冷却水壶
Ⓐ冷却水上限 Ⓑ冷却水下限

（5）灯光检查 检查拖拉机前照灯远近光是否能点亮及正常变光，转向灯、双闪灯及其他作业照明灯是否能正常开启，以及刹车灯在踩下制动踏板时是否能正常点亮。

（6）随车工具检查 常用的随车工具有钳子、各类扳手、千斤顶、轮胎套筒、牵引钢丝绳、长短撬棍、照明灯泡及保险丝等。出车前要进行随车工具检查，防止拖拉机在道路上出现的故障因缺少工具而无法排除。

3. 调整外后视镜、安全带

（1）外后视镜的调整 端坐在驾驶位上，将外后视镜的水平位置调整至左后视镜里的拖拉机尾部占外后视镜的三分之一（左右方向），外后视镜的高度在后视镜中往远处地平线看为各占后视镜的三分之二（上下方向），如图3-5所示。

（2）安全带的调整 系安全带时，右手让安全带绕过腰部，将搭扣插头插入插座。

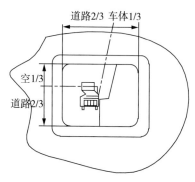

道路2/3 车体1/3

空1/3

道路2/3

图 3-5 外后视镜调整方法

二、一般道路驾驶技术

1. 通过路口

（1）通过有信号灯的路口 驾驶拖拉机在通过有信号灯的路口时，驾驶员要尽量提前对信号灯的变化做出判断，并做好心理准备，随时采取有效措施，确保路口处的行车安全。

（2）通过没有信号灯的路口 拖拉机在通过无信号灯路口时必须减速，仔细而迅速地观察各个方向的车辆通行状况，确认安全后再加速通过。通过规则如下：

①支路车让干路车先行。

②在干支不分的道路中行驶时，同类车依次让右边车先行。

③相对方向行驶同类车相遇时，左转弯车让直行车或者右转弯车先行，在行车过程中注意避让行人。

2. 通过人行横道

拖拉机在通过有信号灯的人行横道时，必须提前减速，按照交通信号灯的指示低速通行；在通过没有交通信号灯的人行横道时，也应当提前减速慢行，如果遇到有行人正在通过人行横道，应当停车让行人先行。

3. 会车

两车交会时，应本着互相礼让的精神，做到礼让三先，即"先慢""先让""先停"。选择适当的地点，靠近路右边通过。

拖拉机会车时，应注意以下事项：

（1）在通过没有中心线的道路或窄桥时，须减速靠右通过，并注意行人安全。会车困难时，有让路条件的一方让对方先行。

（2）在有障碍的路段会车时，有障碍的一方让对方先行。

（3）夜间在窄路、窄桥与非机动车会车时，不准使用远光灯。

（4）在狭窄坡路会车时，下坡车让上坡车先行，但下坡车已行至中途，而上坡车未上坡时，让下坡车先行。

（5）夜间在没有路灯或者照明不良的道路会车时，须在距对面来车 100 米以外时就相互关闭远光灯。

（6）两车相会时，要特别注意对方车后有无行人、非机动车等突然横穿公路。

4. 超车

后方车辆超越前方同行车辆是在道路驾驶中难度最大的一种技术。它集道路情况的预见性判断、车距的保持、车道的变换、车速的控制于一身，是驾驶技术的综合体现。

（1）超车驾驶方法　超车时，可以先向前车左侧接近，并鸣喇叭通知前方，夜间用断续灯光示意，力图使前车发现，待确认前车减速、让超车，且前方又无交会车时，从左边与被超车保持一定的横向距离超越，如图 3 - 6 所示。

（2）超车注意事项

①禁止强行超车。在前车尚未让车、减速的情况下，不得强行超车。在前车前方没有足够的安全距离时，严禁强行挤靠被超越车辆。

②保持平行超车。超车时，应保持平缓的行进路线，提前进

35

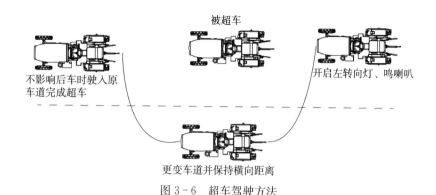

被超车

不影响后车时驶入原
车道完成超车

开启左转向灯、鸣喇叭

更变车道并保持横向距离

图 3-6　超车驾驶方法

入左侧车道，超车后返回原车道，超越线路与前车基本保持
平行。

③超车中发现道路左侧有障碍、横向间距过小、有可能发生
剐蹭时，要迅速减速，停止超车，待机再超，但要慎用紧急制
动，防止车辆侧滑。

（3）禁止超车的情况

①有禁止超车交通标志的路段。

②被超车左转弯或掉头时。

③在超车过程中与对面来车有会车可能时。

④前方车辆正在超车时。

三、复杂道路驾驶技术

1. 坡道

拖拉机在坡道行驶时，由于受到自身重力分力的作用，与在
平坦路面上驾驶有很大的不同，操作稍有不慎或不当就有可能引
发事故，因此，掌握坡道驾驶技术显得尤为重要。

（1）上坡道路驾驶操作要领

①上坡路段减挡。拖拉机在上坡的过程中，一般是在坡底
提前换低挡加油冲坡。若因其他原因必须在坡道减挡，则可按

以下步骤操作；左手紧握方向盘以保持拖拉机正常行驶，左脚踩下离合器踏板，右手迅速拨动换挡杆手柄，降低一个挡位，之后快速松抬离合器踏板至半联动，右脚适当加点油门，再完全松开离合器踏板使车辆继续前进。随后，用同样的方法逐级减挡，直到拖拉机发动机正常工作为止。上坡驾驶方法如图 3-7 所示。

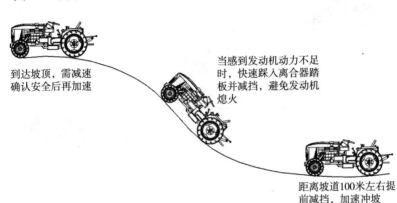

到达坡顶，需减速确认安全后再加速

当感到发动机动力不足时，快速踩入离合器踏板并减挡，避免发动机熄火

距离坡道100米左右提前减挡，加速冲坡

图 3-7　上坡驾驶方法

②上坡路段起步。起步前打开左转向灯，观察左后视镜，注意后方来车。在确认安全后，左手紧握方向盘，右手按短促一声喇叭提示，左脚踩下离合器踏板，将变速箱置于 1 挡位置，右脚轻踩油门踏板，之后左脚缓抬离合器踏板至半联动位置，右手松开驻车制动手柄，再换抬离合器踏板直至完全松开，拖拉机平稳起步。拖拉机起步后，加大油门，防止动力不足导致发动机熄火。待拖拉机正常行驶后，关闭左转向灯。

（2）下坡道路驾驶操作要领　拖拉机在下坡过程中，由于重力的作用，速度会越来越快，在长下坡路段，刹车系统长期工作，因高温会产生衰减，因此，拖拉机在下坡行驶过程中，应该采用低挡，利用发动机的牵阻作用来控制车速，以提高下坡行车的安全性。拖拉机下坡减挡，与拖拉机加挡操作方法一样。在拖拉机遇到制动失灵的情况时可以采用"抢挡"的方式直接从高速挡挂入低速挡，利用发动机的牵阻作用强制降低车速以确保安全。下坡驾驶中严禁空挡滑行。下坡驾驶方法见图3-8。

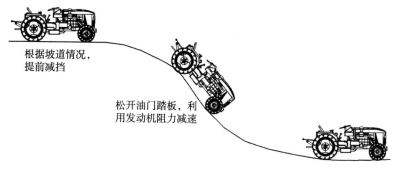

根据坡道情况，提前减挡

松开油门踏板，利用发动机阻力减速

下坡完成后，松开制动踏板，正常行驶

图3-8　下坡驾驶方法

2. 夜间道路驾驶

拖拉机在夜间驾驶过程中，受灯光照射范围的局限，会产生可视范围小、景物模糊、道路界限不清、灯光随车晃动等情况，驾驶员眼睛容易疲劳，甚至会产生错觉，因此，为确保行车安全，掌握夜间驾驶基本技术及注意事项非常重要。

拖拉机在出车前，要检查灯光系统是否正常，否则不得出车，如中途出现故障，应排除故障后再行驶。

（1）根据路面颜色判断路面状况　在拖拉机夜间行驶过程中，无月光的路面为深灰色，路外为黑色，积水的地方为白色；有月光的路面为灰白色，路外为黑色，积水的地方更白。通过车辆较多的路面为灰黑色，因此夜间行车的要领是，走灰不走白，遇黑停下来。

（2）根据灯光判断道路状况　当灯光照射距离由远及近时，

表示车辆接近上坡路段。当灯光照射由近变远时，表示车辆接近下坡路段。当灯光照射由道路中心移至路边时，表示车辆接近转弯路段。当灯光照射由道路一侧移至另一侧时，表示正在通过连续转弯路段，如图3-9所示。

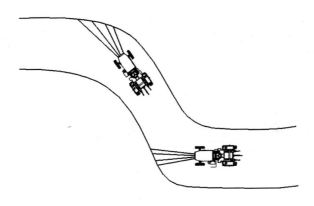

图3-9　连续弯路的灯光判断

（3）拖拉机夜间灯光的使用　车速在10千米/时以下时，使用近光灯；车速在10千米/时以上时，使用远光灯。在有路灯的道路行驶时，使用近光灯。通过交叉路口时，应距路口30米以外关闭远光灯。雨雾天行车时，应打开雾灯，关闭远光灯；对面来车150米以外，双方关闭远光灯。夜间临时停车，应靠右停车并打开双闪灯提示后方车辆注意安全。

（4）夜间行车驾驶技术

①夜间车速与车距控制。一般来说，夜间驾驶的行驶速度应比白天低一些。通过交叉路口、弯道、坡道及桥梁等特殊路段，因观察不仔细容易发生事故，因此，在该路段行车，要控制车速，减速慢行，并随时做好停车准备。夜间行车时与前车至少保持50米车距。

②夜间会车。夜间会车时，应选择道路较宽的位置会车。在

发现对方来车后，首先要减速，距离来车 150 米时，双方应关闭远光灯，将车辆保持靠右直线行驶。在车辆交会时，应保证足够的安全距离，如图 3-10 所示。

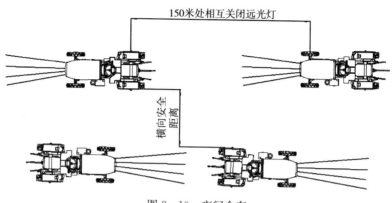

图 3-10　夜间会车

　　③夜间超车。拖拉机夜间行车尽量不要超车，必须超车时，需要查明前方情况，确认有超车的条件后，再跟进前车，连续变换远近灯光，告知你的超车意图，在前方车辆让路可以超越时，方可进行超车操作。在超车过程中，适当加大两车横向距离，保证超车安全，如图 3-11 所示。

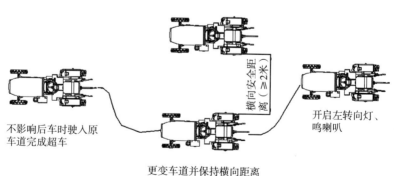

图 3-11　夜间超车

3. 泥水路道路驾驶

在行车过程中遇见路洼积水时，由于积水浑浊，驾驶员看不清水下路基情况，如果盲目通过，可能会遇到陷车或翻车的危险情况，因此在不熟悉的路段积水处，首先应停车下水试探，确认安全后再低速通过。如积水较深，则通过过程中积水浸入刹车，会引起刹车的短暂失灵，因此，在拖拉机驶出积水路段后，要检查刹车是否有效，待行车至好路段时，采用点刹的方式，利用刹车产生的热量蒸发掉刹车内的水。

4. 雨雾天道路驾驶

（1）雨天驾驶技术　雨天行车过程中，拖拉机在低洼的路段行驶时，应尽量避开积水，选择高处行驶，遇到较大的坑洼不能绕开时，应停车检查积水情况，确认安全后再通过，通过时要匀速、低速通过，严禁大油门冲过。路基旁边有水沟时，行车过程中应尽量避开。

（2）雾天驾驶技术　雾中行车，应打开雾灯和示宽灯，能见度特别低时，应打开双闪灯，以警告行人和车辆，同时减速慢行。当雾天的能见度低于 30 米时，行车时速不得超过 10 千米/时；能见度低于 10 米时，应选择安全地点靠边停放，打开双闪灯和示宽灯。雾天行车过程中尽量保持靠右行驶，尽量不要超车，与前车、侧面车辆保持足够的安全距离。

5. 严寒气候的驾驶

冬季的北方天气寒冷，车辆启动困难，道路有时结冰、积雪，再加上驾驶员穿着较厚，驾驶操作不便，出于驾驶员的安全驾驶及作业的考虑，应做好如下工作：

（1）发动机暖机　发动机启动后，不能立即投入工作，应让其怠速运转一段时间，待驾驶室仪表盘的水温表基本处于正常状态时，再投入工作。这期间不要加大油门使其快速暖机，这样会加速各个部件的磨损。

（2）做好保暖，保持精神集中　驾驶员要穿上足够的衣物，防止冻伤手脚，并在驾驶过程中适当活动手脚，必要时停车，适当运动后再驾驶。在拖拉机行车过程中，特别是在交通复杂的路段，一定不能开快车，精神要集中，保持中速行驶，防止意外事故的发生。

6. 学校路段的驾驶

驾驶拖拉机经过学校路段时，首先要减速行驶，并提高注意力。注意学生可能会横穿公路、追跑打闹；遇到骑车的学生要注意，不要鸣笛催促；遇到学生横穿公路，要停车让行。这样直至确认安全后再通过。

第四章

田间作业

一、农机具挂接方法

拖拉机一般采用标准的三点悬挂，其主要的悬挂及调整部件如图 4-1 所示。其挂接步骤如下：

（1）在进行农机具挂接前，首先将农机具放置在水平地面上。启动拖拉机，将拖拉机对准农机具悬架中部倒车，提升下拉杆直到其与农机具的左、右悬挂销孔对准。农机具先装左侧的连接销，再装右侧的连接销，因为拖拉机三点悬挂机构的右提升杆带丝杆，能调节长短。装好农机具连接销后再装好 R 销。

（2）连接好上拉杆

（3）安装传动轴　安装时注意万向节总成的前、后夹叉必须在同一平面内，安装完成后装好止退销钉。并缓慢提升和下降农机具。在机具上升最高处，传动轴公、母头必须至少有 10 厘米余量；机具在最低处，公、母头必须重合 15 厘米以上。

（4）连接完毕后，提升农机具使刀片稍离地面后低速试运转，检查各部件是否正常，确认运转正常后方可正式作业。

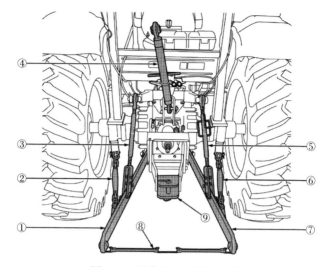

图 4-1 拖拉机三点悬挂机构
①、⑦下拉杆 ②、⑥稳定杆 ③左提升杆 ④上拉杆
⑤调节杆（右提升杆）⑧回位拉线 ⑨U形牵引悬挂

二、路线规划

1. 犁耕的作业路线规划

（1）内翻法 内翻法即拖拉机从地块中心线左侧入犁，耕到地头起犁，顺时针方向转弯，在中心线右侧回犁，依次从里到外耕完整块土地，如图 4-2 所示。

（2）外翻法 外翻法即拖拉机从地块中心线右边入犁，耕到地头起犁，逆时针方向转弯，到地块中心线左边回犁，按从外向里耕完整块地，如图 4-3 所示。

2. 旋耕的作业路线规划

（1）梭形耕作法 梭形耕作法即机组从地块一侧进入，到地头转小弯后紧邻前一趟回行，进行梭形耕作，如图 4-4 所示。此方法适于小型拖拉机作业。

（2）回形耕法 回形耕法见图 4-5。大块旱地和水田多采用回形耕法，可使地面耕后平整，减少漏耕。在回形耕作完成时，应按对角线方向补耕一次。

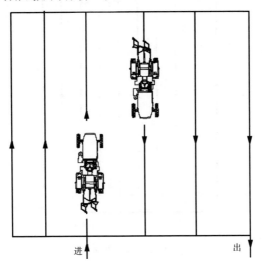

图 4-2　内翻法

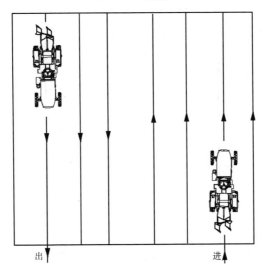

图 4-3　外翻法

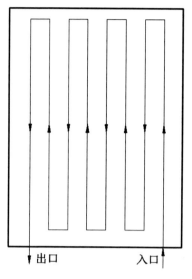

图 4-4 梭形耕作法

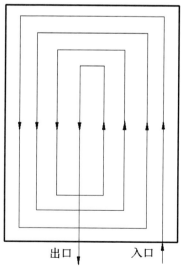

图 4-5 回形耕法

3. 播种的作业路线规划

（1）梭形播法 梭形播法即机组由一侧进入地块，播到地头后转小弯进入下一个行程，一趟邻接一趟，依次播完后再播地头，如图4-6所示。

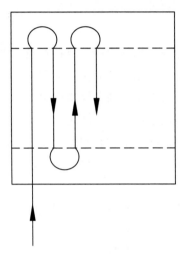

图4-6 梭形播法

（2）向心播法 向心播法即机组由地头一侧进入，顺时针或逆时针向心播，一直播到地中间播完，如图4-7所示。

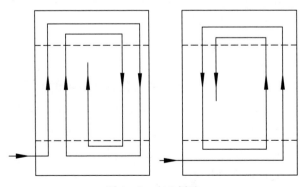

图4-7 向心播法

三、田间复杂情况驾驶技术

1. 深水田驾驶技术

拖拉机在深水田作业中经常发生陷车，不但严重降低工作效率，而且容易损坏机件。防止拖拉机滑陷，主要应从以下几方面入手：

（1）要了解地块泥脚的深浅。要特别当心由水塘或沟渠填平而得到的水田，必要时用树枝等做好标记。

（2）尽量使用防滑轮、高花纹水田轮或专用铁轮，并注意其安装方向，如果装反了，将产生严重的抓泥、打滑和下陷现象。

（3）根据拖拉机的技术状态和泥脚深浅，合理调整机组的耕深和工作幅宽，防止因超负荷而打滑和下陷。机组转弯时应及时提升作业机具。

（4）犁、耙和旋耕作业时，要在田内灌水3～5厘米。如果田中灌水太少，驱动轮容易因黏粘泥而引起滑陷。

（5）当一侧驱动轮打滑时，可以使用差速锁，使两后轮一起驱动，驶离滑陷区，注意此时不可转向，驶出后立即分离差速锁。如果车上没有差速锁装置，可以采取单边制动的方法，即缓慢踩下打滑一侧制动踏板，在差速器的作用下，迫使不打滑的驱动轮转动，从而驶离陷坑。

（6）一旦发生陷车，应注意以下几点：①立即卸去农机具，尽量解除负荷。②试着左右转动方向盘或左右摆动机头，争取驶出陷坑。③不要采取大油门猛抬离合器的办法企图"冲车起坑"，否则会越陷越深。④当拖拉机陷得过深，用上述方法已难驶出时，那就应找一台大功率的拖拉机将其拖拉出陷坑。

2. 翻越田埂驾驶技术

翻越田埂时，尽量用镐头刨低田埂，以防田埂顶住拖拉机底盘而产生滑陷。对于 30 厘米高的田埂，建议倒车，以防后轮打滑。

四、农机具作业参数的调整

1. 犁的调整

与久保田 M704K 拖拉机配套的犁一般为三铧犁，其调整的主要内容有耕深调整、水平调整、耕幅调整等。

（1）耕深调整　耕深调整采用高度调节方法。如图 4-8 所示，犁上有支撑轮，通过转动摇把来调整支撑轮的高度 H，由于与犁连接的拖拉机液压悬挂系统只是用于升降农机具，调整支撑轮的高度就相当于调整犁的耕深。耕深调整原理如图 4-8 所示。

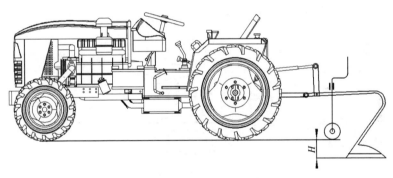

图 4-8　耕深调节原理

（2）水平调整　耕地时，犁架必须保持前后和左右水平，才能保证前后犁铧耕深一致。水平调整包括纵向水平调整和横向水平调整。

纵向水平调整的目的是使前、后犁铧耕深一致。纵向水平调整可通过拖拉机悬挂机构的上拉杆来实现，当出现前犁浅、后犁深时，需要缩短上拉杆的长度，反之，则需要加长上拉杆的长度。如图 4-9 所示。

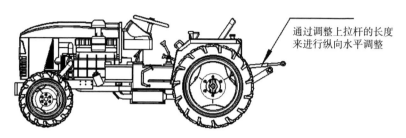

图 4 - 9　纵向水平调节

横向水平调整的目的是使犁架横向水平。横向水平调整可通过拖拉机悬挂机构的左、右提升杆来实现，如图 4 - 10 所示。缩短左提升杆，左边犁铧抬高，则右边耕深变深，反之则是左边耕深变深，同样的方法可以用于调节右提升杆。

在拖拉机下地之前，需要将拖拉机的纵向和横向调整为水平状态，以提高耕地的作业效果。

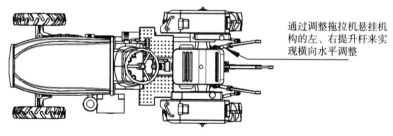

图 4 - 10　横向水平调节

（3）耕幅调整　犁架调整水平后，还需观察犁架纵梁和拖拉机行驶方向是否一致，若发生偏斜，会影响犁的耕幅，造成重耕或者漏耕，同时增大牵引阻力，加速犁的磨损，还会导致拖拉机转向困难。当犁架主梁前部向右、后部向左偏斜时，犁尾向未耕地方向偏斜，各犁的耕幅变小，总耕幅变大，各犁之间产生漏耕现象。此时，可转动曲拐轴，使右端曲拐朝前，左端曲拐朝后，便可消灭漏耕现象。反之，在耕地时，当犁架主梁前部向左、后部向右偏斜时，犁尾向已耕地方向偏斜，各犁的耕幅增加，总耕幅减少，各犁之间产生重耕现象，此时应采取与漏耕相反的调整方法，如图 4－11 所示。

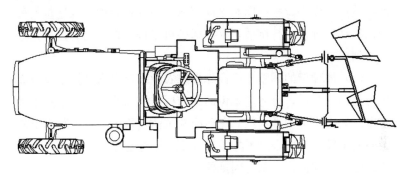

图 4－11　耕幅调整

2. 旋耕机的调整

（1）水平调整　当旋耕机左右耕深不一致时，检查方法是将旋耕机提升到适当的高度，测量左右两侧旋耕刀刀片离地高度是否一致，若不一致，则进行高度调整。调整方法：调节拖拉机悬挂机构的左、右提升杆，将旋耕机调整为左右水平高度一致；调整拖拉机悬挂机构的上拉杆，将旋耕机调整为纵向呈水平状态。其调整方法参照图 4－9、图 4－10。

（2）碎土性能调整　旋耕机碎土性能的调整与拖拉机的行走速度、刀轴的转速有关。刀轴转速一定时，降低拖拉机行走速度，则土块变小，碎土性能好，反之，土块变大，碎土性能差。若行走速度一样，则可通过调整拖拉机的刀轴旋转速度来提升旋耕机的碎土性能。久保田系列拖拉机的刀轴旋转速度默认为 540 转/分，要提高刀轴旋转速度，可在拖拉机后轴输出位置将输出速度调整为"540E"，同时在拖拉机的仪表位置会有显示标志为"540E＋"，此时的输出转速为 720 转/分，可极大提高旋耕机的碎土性能。

3. 播种机的调整

（1）播种前准备　在播种机下地之前，首先应对播种机进行必要的检查及试播。将播种机挂接于拖拉机的悬挂机构上，将播种机抬离地面并调整横向和纵向至水平。在种箱内加入适量的种子，启动播种机进行试播，检查播种机排种是否均匀，播种量是否达到要求。

（2）播种量的调整　应该先按照农业技术要求计算出单位面积内播种的质量，再通过单位面积的植株数量及种子的千粒重计算出每穴应排种的平均数。在前面的试播过程中，要求其排出种子的数量偏差不得超过平均值的3％。若超过要求，需要对排种轮进行再次调整，直至达到排种要求。

4. 深松机的调整

（1）纵向调整　使用时，将深松机的悬挂装置与拖拉机的上、下拉杆相连接，通过调整拖拉机的上拉杆（中央拉杆长度）和悬挂板孔位，使得深松机在入土时有3°～5°的入土倾角，到达预定耕深后应使深松机前后保持水平，以保证前后松土深度一致。其调整方法参照图4-9。

（2）深度调整　大多数深松机使用限深轮来控制作业深度，极少部分小型深松机用拖拉机后悬挂系统控制深度。用限深轮调整机具作业深度时，改变限深轮与深松铲尖部的相对高度，相对高度越大，深度越深。调整时要注意两侧限深轮的高度一致，否则会造成两侧松土深度不一致，影响深松效果。调整好后注意拧紧螺栓，参照图4-8。

（3）横向调整　调整拖拉机后悬挂系统的左右上拉杆，使深松机左右两侧处于同一水平高度，调整好后锁紧左、右拉杆，这样才能保证深松机工作时左右入土一致，左右工作深度一致，参照图4-10。

5

第五章

保养与维护

一、拖拉机的保养

1. 油水分离器的检查及清洁

（1）机盖打开方法　用手指勾住解锁勾，轻轻用力向外拉，即可打开机盖的锁扣，拖拉机机盖会自动弹起。其操作的方法如图5-1所示。

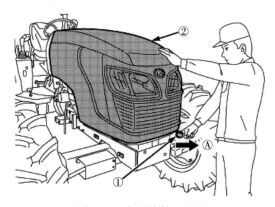

图5-1　打开拖拉机机盖
①解锁勾　②机罩
Ⓐ "拉" 用力的方向

（2）油水分离器位置　油水分离器位于驾驶位的右端，其安装位置如图5-2所示。

（3）油水分离器的构成　油水分离器的主要作用是沉淀燃油

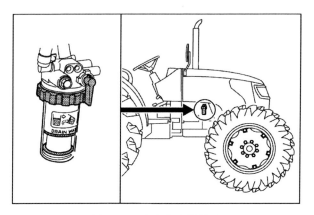

图 5 - 2　油水分离器位置

中的水分。图 5 - 3 中的红色浮子正常位置为沉于油水分离器最底端，若红色浮子位于油水分离器的顶端，则表示油水分离器中水已装满，需要进行清洁或更换。清洁时，用毛刷将油水分离器各部件清洗干净，晾干后组装。

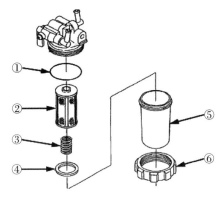

图 5 - 3　油水分离器组成
①红色浮子　②弹簧　③滤芯
④O 形密封圈　⑤油杯　⑥固定环

　　重要事项：补充燃油时，不得拆下燃油滤网。仅使用符合国Ⅲ排放标准的柴油。如果使用不符合国Ⅲ排放标准的柴油，则可能会损坏发动机。

2. 发动机机油的更换

（1）更换发动机机油　要更换发动机机油，应将拖拉机停放在水平地面上，关闭发动机，待拖拉机冷却到常温后方可进行。首先打开机油加注口螺栓，用扳手拧如图5-4所示放油螺栓，并用合适的容器盛放废机油。注意拧开放油螺栓时，应小心操作，谨防被机油烫伤。

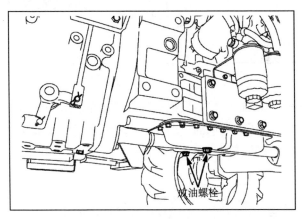

放油螺栓

图5-4　放油螺栓位置

（2）更换机油滤清器　在拆掉放油螺栓、机油放干净后，方可拆卸机油滤清器。机油滤清器位置如图5-5所示。应使用配套型号的专用机油滤清器拆除扳手，将机油滤清器小心地拧松并拆下，注意在拆卸过程中机油滤清器中会有残留的废机油，应小心收集起来防止污染。安装新的机油滤清器时应在机油滤清器O形密封圈处涂上新的机油。安装完成后，应将废机油污染过的发动机机身清洗干净。

3. 变速箱油的更换

（1）更换变速箱油　更换变速箱油，应将拖拉机停放在水平地面上，关闭发动机，待拖拉机冷却到常温后方可进行。首先打

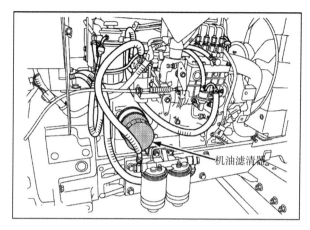

机油滤清器

图 5-5　机油滤清器位置

开变速箱油加注口螺栓，用扳手拧开变速箱底部的放油螺栓，并用合适的容器盛放废机油（图 5-6）。注意拧开放油螺栓时，应小心操作，谨防烫伤。

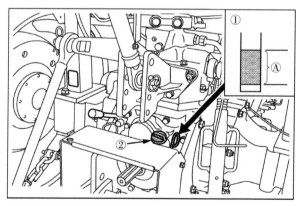

图 5-6　变速箱油加注口及油尺
①油尺　②加油口
Ⓐ油位的正常范围

（2）更换变速箱油滤清器　在拆掉放油螺栓且变速箱油放干

净后，方可拆卸变速箱油滤清器。滤清器位置如图 5 - 7 所示。应使用配套型号的专用机油滤清器拆除扳手，小心地将滤清器拧松并拆下。注意在拆卸过程中滤清器中会有残留的废机油，应小心收集起来防止污染，安装新的滤清器时应在滤清器 O 形密封圈处涂上新的机油，磁性滤清器上应擦去金属屑并清洗干净。安装完成后，应将废油污染过的机身清洗干净。

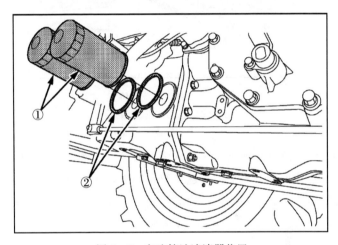

图 5 - 7　变速箱油滤清器位置
①液压油滤清　②磁性滤清器（擦去金属屑）

4. 燃油滤清器的更换及燃油排气

（1）燃油预滤器更换　燃油预滤器主要过滤柴油中的粗杂质，为粗滤器，是为了延长燃油滤清器的使用寿命。在更换时，首先要拔下钥匙，使拖拉机整车断电，防止燃油泵工作导致柴油外泄。打开排液塞，放掉燃油预滤器中的燃油，然后用专用扳手沿着图 5 - 8 所示Ⓐ方向拧松燃油预滤器。在安装新的燃油预滤器时，应注意清洁安装的接触面，防止安装后燃油泄漏。

（2）燃油滤清器更换　燃油滤清器（图 5 - 9）属于精滤器，

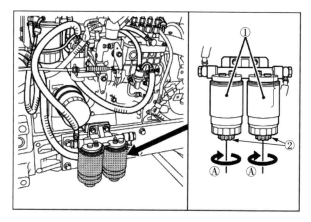

图 5-8　燃油预滤器位置
①燃油预滤器　②排液塞
Ⓐ "松动"

燃油在经过燃油预滤器后再进入燃油滤清器。燃油滤清器的更换和预滤器相似。首先拔掉钥匙使整车断电，防止燃油泵工作导致柴油外泄，然后用专用扳手沿着逆时针方向拧松滤清器。在滤清器安装时应清洁安装表面，防止安装后燃油泄漏。

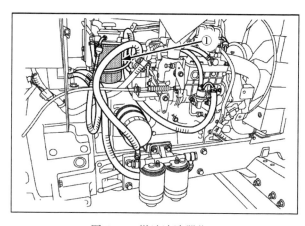

图 5-9　燃油滤清器位置

　　（3）燃油系统排气　燃油系统的排气（图 5 - 10）是在燃料耗尽后重新加注燃油或维修过燃油管路后才需要进行的工作。在平时观察到发动机油量表处于低位，应及时加油，防止因燃油耗尽而耽误农时或引发危险。重新加注好燃油后，查看燃油溢流软管是否堵塞。逆时针方向拧开燃油泵旋钮，燃油泵旋钮会自动弹起，这时候沿着Ⓐ、Ⓑ方向上下按压燃油泵旋钮，待燃油泵旋钮阻力变大时，可尝试启动发动机看是否着车，如启动不成功，持续按压燃油泵旋钮，并启动发动机，直到着车为止。

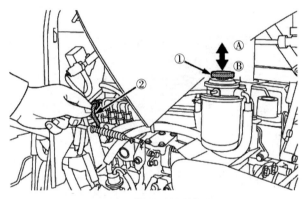

图 5 - 10　燃油系统排气方法
①燃油泵旋钮　②燃油溢流软管
Ⓐ"向上"　Ⓑ"向下"

5. 检查空气滤清器

　　拖拉机的空气滤清器结构如图 5 - 11 所示，主要由辅助滤芯、主滤芯、抽空阀和滤清器盖组成。

　　空气滤清器在使用一段时间后，应进行日常检查，尤其是在环境恶劣的情况下应增大检查频率。如图 5 - 12 所示，检查灰尘指示器是否处于Ⓐ红色位置，若处于红色位置，应对空气滤清器进行清洁或更换，并按动"复位"按钮使空气滤清器复位。

图 5-11 空气滤清器结构图
①辅助（安全）滤芯 ②主滤芯 ③抽空阀 ④滤清器盖

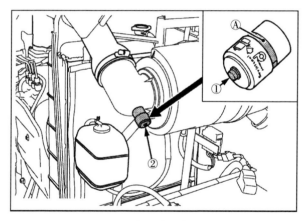

图 5-12 空气滤清器灰尘指示器
①"复位"按钮 ②灰尘指示器
Ⓐ红色位置

6. 清洁散热器、防尘网

在拖拉机每次例行保养时应清洁散热器和防尘网，在恶劣工况下应适当增大清洁频率。清洁时，应打开拖拉机机盖（方法见图 5-13），拆下防尘网进行清洗，并用压缩空气对散热器进行清洁。

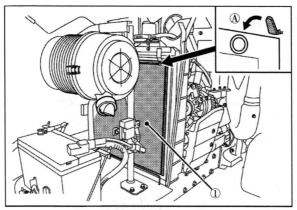

图 5-13　散热器、防尘网拆装
①散热器前面的防尘网
Ⓐ"拆下"按钮

7. 车轮螺栓紧固

在常规保养拖拉机车轮螺栓时，例行检查螺栓紧固程度，对松动的螺栓进行紧固（图 5-14）。其紧固的力矩为 260～304 牛顿米（26.5～31.0 千克力米①）。

图 5-14　车轮螺栓紧固位置
①后轮毂链接钉　②后轮毂螺钉　③前轮毂螺钉　④前轮毂链接钉

---

①　千克力米：非法定计量单位，1 千克力米＝9.806 65 牛顿米。——编者注

二、拖拉机主要部位的检查与调整

1. 皮带张紧度调整

松开图 5-15 所示的上下两个螺栓，将发电机朝Ⓑ的方向向外拉，将皮带张紧力调整为在曲轴与发电机皮带中间施加 3 千克压力，其皮带挠度为 20 毫米为宜。然后紧固上下两个螺栓，并进行复查以确保准确。

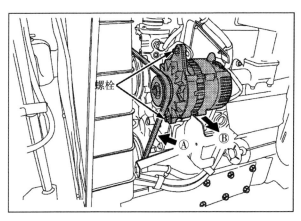

螺栓

图 5-15　发电机皮带张紧度调整

2. 制动踏板与离合器调整

（1）离合器自由行程调整　调整时，松开图 5-16 所示的锁紧螺母，用扳手拧动调整螺杆，同时用手按压离合器踏板的自由行程，调整自由行程为 25～30 毫米为宜，然后拧紧锁紧螺母并进行复查以确保准确。

（2）制动踏板自由行程调整　制动踏板调整方法与离合器自由行程调整方法一致，如图 5-17 所示，其制动踏板行程调整为35～40 毫米为宜。调整完成后拧紧锁紧螺母并复查。

3. 前轮前束调整

前轮距即两前轮最前方轮胎中心等高处胎面中点的距离，后

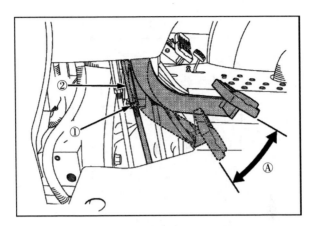

图 5-16 离合器自由行程调整
①锁紧螺母 ②调整螺杆
Ⓐ"游隙"

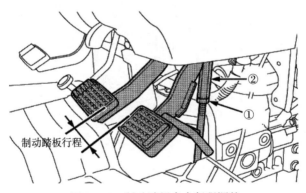

图 5-17 制动踏板自由行程调整
①制动踏板锁紧螺母 ②制动踏板调节螺母

轮距即两前轮最后方轮胎中心等高处胎面中点的距离（图5-18）。拖拉机的前束值为后轮距—前轮距。

如图5-19所示，调整时，先松开锁紧螺母，再调整螺杆，将拖拉机的前束调整为出厂时的6～11毫米。调整完成后拧紧锁紧螺母并复查。

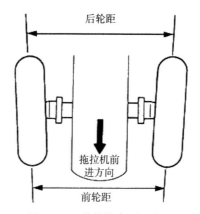

图 5-18　前轮前束测量方法

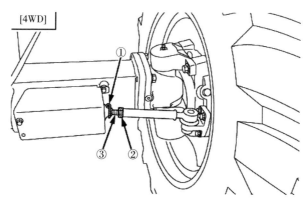

图 5-19　前轮前束调整方法
①卡环　②锁紧螺母　③调整螺杆

三、农机具的维护保养

1. 犁的维护保养

犁的维护保养是延长犁的使用寿命、提高作业质量、提高工作效率的重要措施。

（1）班保养　犁的班保养与拖拉机的班保养同时进行，主要保养项目如下：

①清除黏附在犁体及限深轮上的积泥和缠草。

②检查各工作部件的紧固情况，拧紧松动螺丝。

③向各传动部件加注润滑油，为调整螺杆涂润滑油。

（2）定期保养　犁用过一段时间后，应进行全面检查及保养，检查犁铧、犁壁、犁侧板的磨损程度，超过磨损极限时，应进行修理或更换。

（3）犁的保管　使用季节结束后，应清洗干净，全面检查犁的技术状态，换修磨损及变形零件，向润滑点加足润滑油，在犁体、小前犁等工作表面及丝杠螺纹处涂防锈油，为犁架油漆剥落处刷油漆。存放时，将犁轮和犁体用木块垫好放稳。

2. 旋耕机的维护保养

（1）班保养　每班工作结束后，应清除旋耕刀、轴承座、刀轴、机罩上的泥土和杂草，检查刀片的磨损及紧固情况，检查传动箱和齿轮箱的油位，不足时应添加。

（2）定期保养（每工作 100 小时）

①执行班保养项目。

②检查传动箱润滑油质量，发现变质、黏度不够、脏污现象应立即更换。

③刀片刀口厚度超过 2 毫米时，应拆下磨修或者更换。

④水田作业时要检查刀轴两端是否进泥水，必要时拆开清洗，更换油封，并加足润滑油。

⑤采用链传动的旋耕机应检查链片与销子是否铆接紧固，若松动，应重新铆接或更换部分链节，并检查、调整链条紧度。

（3）旋耕机的保管

①将旋耕机垫起，并用撑杆支牢，外露花键与销轴涂上防锈油，油漆剥落处做好防锈处理并喷原色油漆。

②刀片涂油后存放在室内。

③旋耕机最好放在室内，露天存放应选择地势高的地方，并在机具上盖上覆盖物以防雨雪。

3. 播种机的维护保养

（1）常规保养

①在作业前应及时向播种机各润滑点加注润滑油，以保证零部件的正常运转。但不可往暴露在外面的齿轮、链条和链轮涂油。

②每班工作前后要及时清除黏在机具上的泥土，检查紧固件的松紧状况，如有松动应及时拧紧。

③播种机使用一段时间后，拆下圆盘式开沟器，清洗内外锥体和圆盘毂，涂上润滑脂后重新装好。

（2）播种机的保管

①清除机具上的泥土和油污，及种、肥箱内的种子和化肥，将排种装置和排肥装置内残留的种子和化肥清除干净。

②拆下开沟器进行检查，如有磨损或变形应予以修理或者更换，并在工作刃口处涂上润滑脂防锈，用柴油清洗传动的齿轮、链轮、链条等传动部件并涂上防锈油。

③放松开沟器挺杆弹簧和其他压缩弹簧，卸下输种管，将金属管涂油以防锈，将橡胶管塞上木棍放于库内保管。

④将播种机置于干燥的农具棚内，将落地机件用板垫起，避免露天存放，以防锈蚀或损坏。

4. 深松机的维护保养

（1）常规保养

①每次作业完成后，应清除深松机上的泥土、杂草，检查零件有无缺损，更换的零件应安装正确，检查限深轮轴承润滑油，并及时注油。

②作业中转动部件应保持润滑，每班次向轴瓦或转动部位注油两次。

③犁铧、凿头磨钝后，应及时修复，调整伸长或更换。各螺纹件应紧固，尤其是轴螺母，要保证牢靠。

（2）深松机的保管

①检查传动部件和各运动零件的磨损情况，必要时调整或更换。

②及时将深松机清理干净，对深松铲、铲尖、铲翼及各个紧固螺栓刷涂机油或润滑脂进行保护。

③机具应放在室内通风、干燥处，外露件（未镀锌和喷漆）应涂防锈油。没有机库停放条件的，应选择地势较高的地方，将深松机用砖或木块垫起，使铲尖离开地面 10 厘米左右，并用篷布遮盖。严禁机具露天存放。

6

第六章

安全常识

一、拖拉机操作安全知识

1. 拖拉机载人的规定

拖拉机载人，不准超过行驶证上核定的人数。

2. 拖拉机行驶速度与行车安全

在道路宽阔，视线良好，并能保证交通安全的原则下，小型拖拉机时速为 15 千米。拖拉机行驶中，应按规定的速度行驶，这是确保安全行车的重要条件。

拖拉机遇到下列情形时，最高时速不得超过 10 千米：

①通过胡同、铁道路口、急转弯、窄路、窄桥、隧道时。

②掉头、转弯、下坡时。

③遇风、雨、雪、雾天，能见度 30 米以内时。

④在冰雪、泥泞路行驶时。

⑤牵引故障机动车时。

⑥进、出非机动车道时。

二、常用交通法规常识

道路交通信号包括交通信号灯、交通标志、交通标线和交通警察的指挥。

1. 交通信号灯

交通信号灯由红灯、黄灯、绿灯组成。

绿灯亮时,准许车辆和行人通行,但转弯车辆不准妨碍直行的车辆和被放行的行人通行。

黄灯亮时,不准车辆和行人通行,但已超过停车线的车辆和已进入人行横道的行人可继续通行。

红灯亮时,不准车辆和行人通行,但右转弯车辆在不妨碍放行车辆和行人通行的情况下可以通行。

黄灯闪烁,是一种警告信号,这时车辆和行人在确保安全的情况下可以通行。

2. 交通标志

交通标志分为主标志和辅助标志两大类。主标志按作用分为指示标志、警告标志、禁令标志、指路标志、旅游区标志、作业区标志和告示标志等七种。辅助标志是在主标志下起辅助说明作用的标志。

（1）指示标志 部分指示标志如图 6-1 所示。

直行　　向左转弯　　向右转弯　直行和向左转弯 直行和向右转弯

向左和向右转弯 靠右侧道路行驶 靠左侧道路行驶 立体交叉直行和 立体交叉直行和
　　　　　　　　　　　　　　　　　　　左转弯行驶 右转弯行驶

环岛行驶　单行路（向左或 单行路（直行） 步行　　鸣喇叭
　　　　　　向右）

最低限速　　路口优先通行　　会车先行　　人行横道　　右转车道

直行车道　　直行和右转　　分向行驶车道　　公交线路　　机动车行驶
　　　　　　合用车道　　　　　　　　　专用车道

机动车车道　　非机动车行驶　　非机动车车道　　允许掉头

图 6-1　部分指示标志

（2）警告标志　部分警告标志如图 6-2 所示。

十字交叉　　T形交叉　　T形交叉　　T形交叉　　Y形交叉

环形交叉　　向左急弯路　　向右急弯路　　反向弯路　　连续弯路

上陡坡　　下陡坡　　两侧变窄　　右侧变窄　　左侧变窄

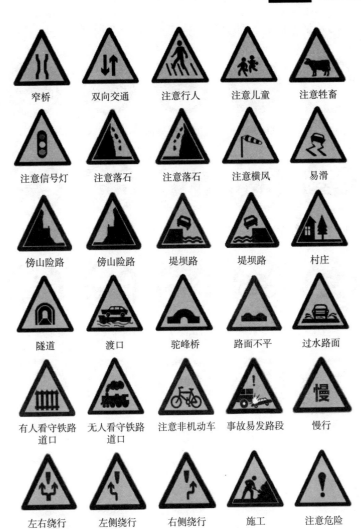

窄桥　　双向交通　　注意行人　　注意儿童　　注意牲畜

注意信号灯　　注意落石　　注意落石　　注意横风　　易滑

傍山险路　　傍山险路　　堤坝路　　堤坝路　　村庄

隧道　　渡口　　驼峰桥　　路面不平　　过水路面

有人看守铁路道口　　无人看守铁路道口　　注意非机动车　　事故易发路段　　慢行

左右绕行　　左侧绕行　　右侧绕行　　施工　　注意危险

叉形符号（表示多股铁道
与道路交叉）

图 6-2　部分警告标志

（3）禁令标志　部分禁令标志如图 6-3 所示。

禁止通行

禁止驶入

禁止机动车驶入

禁止载货汽车
驶入

禁止三轮汽车、
低速货车驶入

禁止大型客车
驶入

禁止小型客车
驶入

禁止挂车、半
挂车驶入

禁止拖拉机
驶入

禁止摩托车
驶入

禁止某两种车
驶入

禁止非机动车
进入

禁止畜力车
进入

禁止人力货运
三轮车进入

禁止人力客运
三轮车进入

禁止人力车进入

禁止行人进入

禁止向左转弯

禁止向右转弯

禁止直行

禁止向左向右
转弯

禁止直行和
向左转弯

禁止直行和
向右转弯

禁止掉头

禁止超车

解除禁止超车

禁止停车

禁止长时停放

禁止鸣喇叭

限制宽度

限制高度

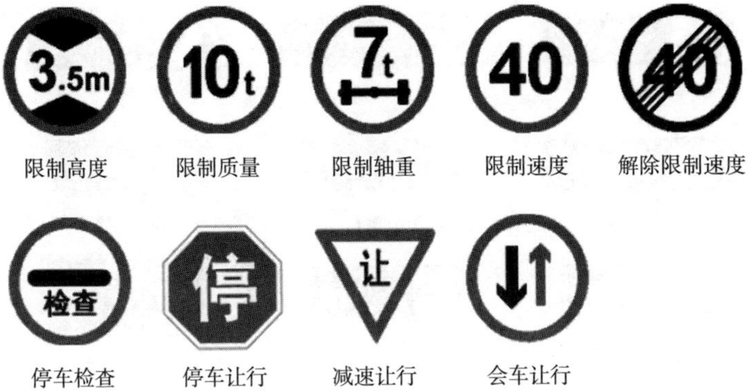

限制质量

限制轴重

限制速度

解除限制速度

停车检查

停车让行

减速让行

会车让行

图 6-3 部分禁令标志

（4）指路标志 部分指路标志如图 6-4 所示。

地名

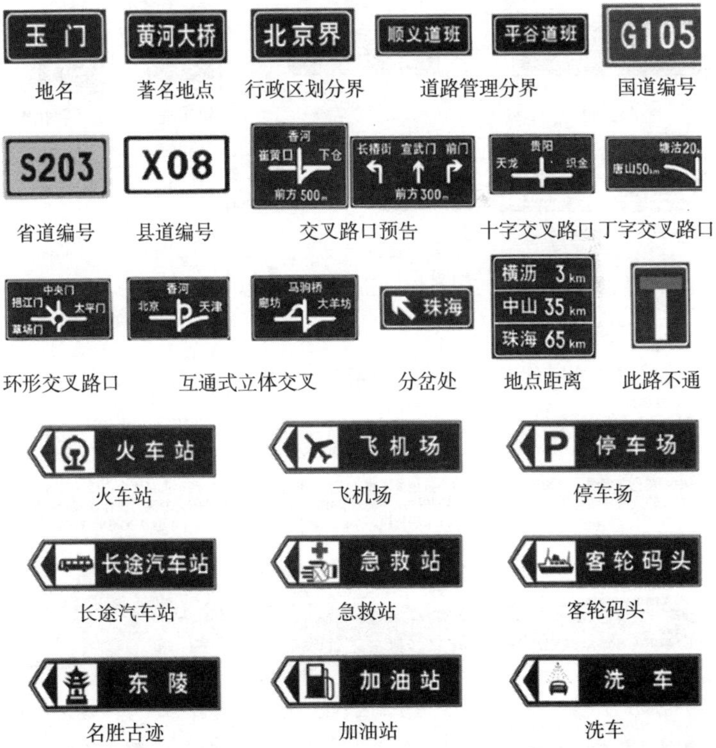

著名地点

行政区划分界

道路管理分界

国道编号

省道编号

县道编号

交叉路口预告

十字交叉路口 丁字交叉路口

环形交叉路口

互通式立体交叉

分岔处

地点距离

此路不通

火车站

飞机场

停车场

长途汽车站

急救站

客轮码头

名胜古迹

加油站

洗车

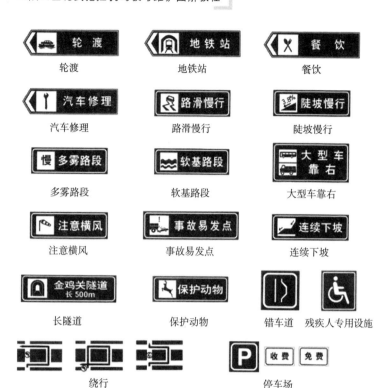

图 6-4　部分指路标志

3. 交通标线

部分交通标线如图 6-5 所示。

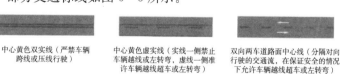

人行横道

左转弯导向线（白色虚线，表示左转弯机动车与非机动车之间的分界）

高速公路车距确认标线（用以提供车辆驾驶人保持行车安全距离之参考）

直接式出口标线

平行式出口标线

直接式入口标线

平行式停车位

倾斜式停车位

垂直式停车位

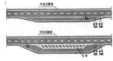

港湾式停靠站（公共客车专用）

三车道标线

禁止路边长时停放车辆线

禁止路边临时或长时停放车辆线

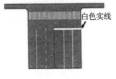

信号灯路口的停止线（白色实线，表示车辆等候放行的停车位置）

白色实线

停车让行线（表示车辆在此路口必须停车让干道车辆先行）

白色双实线

减速让行线（表示车辆在此路口必须减速让干道车辆先行）

白色双虚线

中心圈（用以区分车辆大、小转弯，车辆不得压线行驶）

非机动车禁驶区标线（左转弯骑车人须沿禁驶区外围绕行）

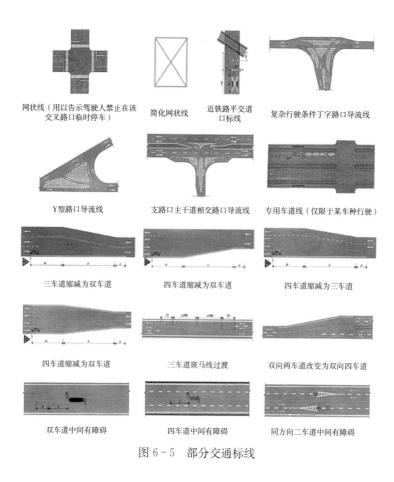

网状线（用以告示驾驶人禁止在该交叉路口临时停车）　简化网状线　近铁路平交道口标线　复杂行驶条件丁字路口导流线

Y型路口导流线　支路口主干道相交路口导流线　专用车道线（仅限于某车种行驶）

三车道缩减为双车道　四车道缩减为双车道　四车道缩减为三车道

四车道缩减为双车道　三车道斑马线过渡　双向两车道改变为双向四车道

双车道中间有障碍　四车道中间有障碍　同方向二车道中间有障碍

图 6-5　部分交通标线

三、事故应急处置和急救常识

驾驶员一旦发生交通事故，首先应紧急停车。若继续行驶一段路再靠边停车，则可能被视为脱离现场。停车后的具体做法如下：

1. 做好现场标记　用石头、砖块等物品将与事故有关的位置保护并标记出来。若有伤者，则需立即送往医院。

2. 紧急救护伤员

对伤员特别是重伤员应采取紧急措施。任何人不得以保护现场为借口延误伤员的抢救时间。

3. 及时报案 若有他人在现场，报案是与现场标记和救护同时进行。若无他人在场，在救护伤员之后，应立即向附近公安交通部门报案。

4. 及时查找事故见证人

见证人的证词是公安部门处理交通事故的重要依据之一。若见证人在现场，则应记录他们的通信地址及联系方式，并提供给公安管理部门。

对易消失与变动的痕迹，如对车辆的制动拖印、玻璃碎片、伤者毛发血迹等，应重点保护。若遇刮风、雨、雾天气时，要用塑料布、席子等物品进行遮盖。

7

第七章

拖拉机驾驶证考试与业务办理

一、拖拉机驾驶证的申领、换证、补证与注销

1. 拖拉机驾驶证法律法规

拖拉机驾驶证参照《拖拉机和联合收割机驾驶证管理规定》（中华人民共和国农业部令2018年第1号）。

2. 拖拉机驾驶证申领流程

轮式拖拉机驾驶证（代号为G1），申领流程如图7-1所示。

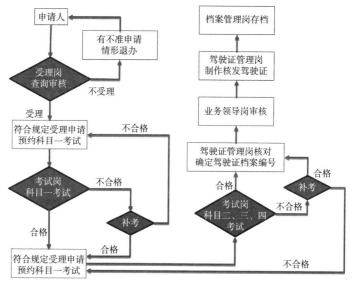

图7-1　拖拉机驾驶证申领流程

78

其他拖拉机、联合收割机准予驾驶的机型驾驶证代号如表 7-1 所示，申领流程与轮式拖拉机相同。

表 7-1　农机驾驶证代号

驾照机型	代号
轮式拖拉机	G1
手扶拖拉机	K1
履带拖拉机	L
轮式拖拉机运输机组	G2（准予驾驶轮式拖拉机）
手扶拖拉机运输机组	K2（准予驾驶手扶拖拉机）
轮式联合收割机	R
履带式联合收割机	S

3. 驾驶证的管理单位

（1）驾驶证的管理机构　县级人民政府农业机械化主管部门负责本行政区域内拖拉机驾驶证的管理，其所属的农机安全监理机构（以下简称农机监理机构）承担驾驶证申请受理、考试、发证等具体工作。

（2）驾驶证的申请机构

①在户籍所在地居住的，应当在户籍所在地提出申请。

②在户籍所在地以外居住的，可以在居住地提出申请。

③境外人员，应当在居住地提出申请。

④申请增加准驾机型的，可以在驾驶证核发地或居住地提出申请。

4. 申领拖拉机驾驶证的条件

（1）申请条件　申请驾驶证，应当符合下列条件：

①年龄：18 周岁以上，70 周岁以下。

②身高：不低于 150 厘米。

③视力：两眼裸视力或者矫正视力达到对数视力表 4.9 以上。

④辨色力：无红绿色盲。

⑤听力：两耳分别距音叉 50 厘米能辨别声源方向。

⑥上肢：双手拇指健全，每只手其他手指必须有 3 指健全，肢体和手指运动功能正常。

⑦下肢：运动功能正常，下肢不等长度不得大于 5 厘米。

⑧躯干、颈部：无运动功能障碍。

（2）不得申领驾驶证的情形　有下列情形之一的，不得申领驾驶证：

①有器质性心脏病、癫痫、美尼尔氏症、眩晕症、癔症、帕金森病、精神病、痴呆以及影响肢体活动的神经系统疾病等妨碍安全驾驶疾病的。

②3 年内有吸食、注射毒品行为或者解除强制隔离戒毒措施未满 3 年，或者长期服用依赖性精神药品成瘾尚未戒除的。

③吊销驾驶证未满 2 年的。

④驾驶许可依法被撤销未满 3 年的。

⑤醉酒驾驶依法被吊销驾驶证未满 5 年的。

⑥饮酒后或醉酒驾驶造成重大事故被吊销驾驶证的。

⑦造成事故后逃逸被吊销驾驶证的。

⑧法律、行政法规规定的其他情形。

5. 申请驾驶证应提供的材料

（1）初次申领　初次申领驾驶证的，应当填写申请表，提交以下材料：

①申请人身份证明。

②身体条件证明。

（2）申请增加准驾机型　申请增加准驾机型的，应填写申请表，提交以下材料：

①驾驶证。

②申请人身份证明。

③身体条件证明。

6. 驾驶证有效期

驾驶证有效期为 6 年。驾驶人驾驶拖拉机时，应当随身携带。

7. 驾驶证的换证

驾驶人应当于驾驶证有效期满前 3 个月内，向驾驶证核发地或居住地农机监理机构申请换证。

申请换证时应当填写申请表，提交以下材料：

①驾驶人身份证明。

②驾驶证。

③身体条件证明。

驾驶人户籍迁出原农机监理机构管辖区的，应当向迁入地农机监理机构申请换证；驾驶人在驾驶证核发地农机监理机构管辖区以外居住的，可以向居住地农机监理机构申请换证。

驾驶证记载的驾驶人信息发生变化的或驾驶证损毁无法辨认的，驾驶人应当及时到驾驶证核发地或居住地农机监理机构申请换证。申请换证时应当填写申请表，提交驾驶人身份证明和驾驶证。

8. 驾驶证的补证

驾驶证遗失的，驾驶人应当向驾驶证核发地或居住地农机监理机构申请补发。申请时应当填写申请表，提交驾驶人身份证明。

驾驶证被依法扣押、扣留或者暂扣期间，驾驶人不得申请补证。

9. 驾驶证的注销

驾驶人具有下列情形之一的，其驾驶证失效，应当注销：

①申请注销的。

②身体条件或其他原因不适合继续驾驶的。

③丧失民事行为能力，监护人提出注销申请的。

④死亡的。

⑤超过驾驶证有效期 1 年以上未换证的。

⑥年龄在 70 周岁以上的。

⑦驾驶证依法被吊销或者驾驶许可依法被撤销的。

二、拖拉机登记注册和检验

1. 拖拉机登记法律法规

拖拉机登记参照《拖拉机和联合收割机登记规定》（中华人民共和国农业部令 2018 年第 2 号）。

2. 拖拉机注册登记

（1）拖拉机登记注册管理单位　县级人民政府农业机械化主管部门负责本行政区域内拖拉机的登记管理，其所属的农机监理机构承担具体工作。

（2）拖拉机登记注册需提交的材料

①所有人身份证明。

②拖拉机来历证明。

③出厂合格证明或进口凭证。

④拖拉机运输机组交通事故责任强制保险凭证。

⑤安全技术检验合格证明（免检产品除外）。

（3）不予办理注册登记的情形　有下列情形之一的，不予办理注册登记：

①所有人提交的证明、凭证无效。

②来历证明被涂改，或者来历证明记载的所有人与身份证明不符。

③所有人提交的证明、凭证与拖拉机不符。

④拖拉机不符合国家安全技术强制标准。

⑤拖拉机达到国家规定的强制报废标准。

⑥属于被盗抢、扣押、查封的拖拉机。

⑦其他不符合法律、行政法规规定的情形。

3. 变更登记

（1）需变更登记的情形　有下列情形之一的，所有人应当向登记地农机监理机构申请变更登记：

①改变机身颜色、更换机身（底盘）或者挂车的。

②更换发动机的。

③因质量有问题，更换整机的。

④所有人居住地在本行政区域内迁移、所有人姓名（单位名称）变更的。

（2）变更登记需提交的材料　申请变更登记的，应当填写申请表，提交下列材料：

①所有人身份证明。

②行驶证。

③更换整机、发动机、机身（底盘）或挂车需要提供法定证明、凭证。

④安全技术检验合格证明。

4. 转移登记

拖拉机所有权发生转移的，应当向登记地的农机监理机构申请转移登记，填写申请表，交验拖拉机，提交以下材料：

①所有人身份证明。

②所有权转移的证明、凭证。

③行驶证、登记证书。

5. 注销登记

（1）需注销登记的情形　有下列情形之一的，应当向登记地的农机监理机构申请注销登记：

①报废的。

②灭失的。

③所有人因其他原因申请注销的。

（2）注销登记需提供的材料

①身份证明。

②号牌。

③行驶证。

④登记证书。

6. 临时行驶号牌申请

（1）需申请临时行驶号牌的情形

①未注册登记的拖拉机需要驶出本行政区域的。

②其他需要临时行驶号牌的情形。

（2）需提交的证明、凭证

①所有人身份证明。

②拖拉机来历证明。

③出厂合格证明或进口凭证。

④拖拉机运输机组须提交交通事故责任强制保险凭证。

（3）临时号牌有效期　农机监理机构应当自受理之日起1日内，核发临时行驶号牌。临时行驶号牌有效期最长为3个月。

7. 补发、换发号牌

（1）需补发、换发号牌的情形　拖拉机号牌、行驶证、登记证书灭失、丢失或者损毁的，需补发、换发号牌。

（2）提交的材料　身份证明和相关证明材料。

（3）其他事项　办理补发、换发号牌期间，应当给所有人核发临时行驶号牌。

三、拖拉机驾驶证考试内容与合格标准

拖拉机和联合收割机驾驶证考试由科目一理论知识考试、科

目二场地驾驶技能考试、科目三田间作业技能考试、科目四道路驾驶技能考试四个科目组成。

申请人应当在科目一考试合格后 2 年内完成科目二、科目三、科目四考试。未在 2 年内完成考试的，已考试合格的科目成绩作废。

每个科目考试 1 次，考试不合格的，可以当场补考 1 次。补考仍不合格的，申请人可以预约后再次补考，每次预约考试次数不超过 2 次。

初次申领轮式拖拉机（G1）、轮式拖拉机运输机组（G2）、手扶拖拉机运输机组（K2）、轮式联合收割机（R）驾驶证的，考试科目为科目一、二、三、四。

初次申领手扶拖拉机（K1）、履带拖拉机（L）、履带式联合收割机（S）驾驶证的，考试科目为科目一、二、三。

驾驶人增加准驾机型的，考试科目按初次申领的规定进行，但已经考过的科目内容应该免考。所有增驾均免考科目一；含 G1 增驾 G2 的，还应免考科目二、三；含 K1 增驾 K2 的，还应免考科目三。

（一）理论知识考试

1. 考试内容

（1）法规常识

①道路交通安全法律、法规和农机安全监理法规、规章。

②农业机械安全操作规程。

（2）安全常识

①主要仪表、信号和操纵装置的基本知识。

②常见故障及安全隐患的判断及排除方法，日常维护保养知识。

③事故应急处置和急救常识。

④安全文明驾驶常识。

2. 考试要求

①农业农村部制定统一题库，省级农机监理机构可结合实际增补省级题库。

②试题题型分为单项选择题和判断题，试题类别包括图例题、文字叙述题等。

③试题量为 100 题，每题 1 分，全国统一题库题量不低于 80%。

④考试时间为 60 分钟，采用书面或计算机闭卷考试。

3. 合格标准

成绩达到 80 分的为合格。

（二）场地驾驶技能考试

1. 考试图形 如图 7-2。

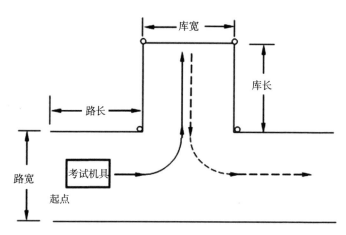

图 7-2 场地考试图形

图例："〇"表示桩位；"——"表示边线；"——▶"表示前进线；"- - -▶"表示倒车线。
尺寸：

（1）路长为机长的 1.5 倍。

（2）路宽为机长的 1.5 倍。

（3）库长为机长的 1.2 倍。

（4）库宽为履带拖拉机、履带式联合收割机的机宽加 40 厘米；轮式联合收割机的机宽加 80 厘米；其他机型的机宽加 60 厘米。

2. 考试内容

（1）按规定路线和操作要求完成驾驶的能力。

（2）对前、后、左、右空间位置判断的能力。

（3）对安全驾驶技能掌握的情况。

3. 考试要求

手扶拖拉机运输机组采用单机牵引挂车进行考试，其他机型采用单机进行考试。考试机具从起点前进，一次转弯进机库，然后倒车转弯从另一侧驶出机库，停在指定位置。

4. 合格标准

满足以下所有条件，成绩为合格：

①按规定路线、顺序行驶。

②机身未出边线。

③机身未碰擦桩杆。

④考试过程中发动机未熄火。

⑤遵守考试纪律。

（三）田间作业技能考试

1. 考试图形　如图 7 - 3。

尺寸：

①地宽为机组宽加 60 厘米。

②地长不小于 40 米。

③有效地段不小于 30 米。

2. 考试内容

①按照规定的行驶路线和操作要求行驶并正确升降农具或割台的能力。

②对地头掉头行驶作业的掌握情况。

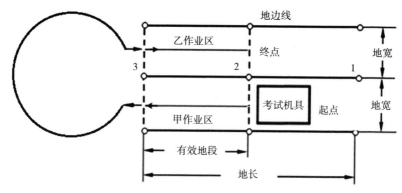

图 7-3 田间作业考试图形

图例:"○"表示桩位;"----"表示地头线;"——"表示地边线;"——→"表示前进线。

③在作业过程中保持直线行驶的能力。

3. 考试要求

联合收割机采用单机、其他机型采用单机挂接(牵引)农具进行考试。驾驶人在划定的田间或模拟作业场地,进行实地或模拟作业考试。

考试机具从起点驶入甲作业区,在第 2 桩处正确降下农具或割台,直线行驶到第 3 桩处升起农具或割台,掉头进入乙作业区,在第 3 桩处正确降下农具或割台,直线行驶到第 2 桩处升起农具或割台,驶出乙作业区。

4. 合格标准

满足以下所有条件,成绩为合格:

①按规定路线、顺序行驶。

②机身未出边线。

③机身未碰擦桩杆。

④升降农具或割台的位置与规定桩位所在地头线之间的偏差不超过 50 厘米。

⑤考试过程中发动机未熄火。

⑥遵守考试纪律。

(四) 道路驾驶技能考试

1. 考试内容

①准备、起步、通过路口、通过信号灯、通过人行横道、变换车道、会车、超车、坡道行驶、定点停车这 10 个项目的安全驾驶技能。

②遵守交通法规情况。

③驾驶操作综合控制能力。

2. 考试要求

轮式拖拉机运输机组、手扶拖拉机运输机组使用单机牵引挂车进行考试，轮式拖拉机、轮式联合收割机使用单机进行考试。

考试可以在当地公安交通管理部门批准（备案）的考试路段进行，也可以在满足规定考试条件的模拟道路上进行。拖拉机运输机组考试内容不少于 8 个项目，其他机型不少于 6 个项目。

3. 合格标准

满足以下所有条件，成绩为合格：

①能正确检查仪表，气制动结构的拖拉机，在储气压力达到规定数值后再起步。

②起步时正确挂挡，解除驻车制动器或停车锁。

③平稳控制方向和行驶速度。

④双手不同时离开方向盘或转向手把。

⑤通过人行横道、变换车道、转弯、掉头时注意观察交通情况，不争道抢行，不违反路口行驶规定。

⑥行驶中不使用空挡滑行。

⑦合理选择路口转弯路线或掉头方式，把握转弯角度和转向时机。

⑧窄路会车时减速靠右行驶，会车困难时遵守让行规定。

⑨在指定位置停车，拉手制动或停车锁之前机组不溜动。

⑩坡道行驶平稳。

⑪行驶中正确使用各种灯光。

⑫发现危险情况能够及时采取应对措施。

⑬考试过程中发动机熄火不超过 2 次。

⑭遵守交通信号，听从考试员指令。

⑮遵守考试纪律。